Une histoire de la science-fiction - 1

Jacques Sadoul

Une histoire de la science-fiction - 1

1901-1937
Les premiers maîtres

Librio

Texte intégral

INTRODUCTION

Au commencement était Jules Verne.

Certes, avant lui, d'autres écrivains furent les précurseurs de ce genre littéraire que nous nommons aujourd'hui la science-fiction. On peut remonter jusqu'au prophète Ezéchiel, voire à une peinture rupestre où l'artiste a dessiné par erreur trois cornes à un aurochs. Mais, plus sérieusement, Verne fut réellement le fondateur de ce nouveau genre littéraire suivi, plus tard, par H. G. Wells.

Science-fiction : ce terme d'origine américaine désigne une branche de la littérature de l'imaginaire qui propose une explication rationnelle aux merveilles qu'elle décrit. Je dis bien rationnelle et non scientifique : en cela le terme est trompeur car il n'y a jamais de science dans la S-F, tout au plus une spéculation sur des techniques existantes ou à venir. Le vieux terme français « anticipation scientifique » est encore plus mauvais car un roman de S-F peut très bien se situer à notre époque, voire dans le passé, et n'avoir rien de scientifique. Le fantastique, lui, se passe d'explication rationnelle : l'auteur n'a pas besoin de justifier l'apparition d'un fantôme ou d'un loup-garou. En revanche, pour atteindre les étoiles, un écrivain de S-F est obligé de supposer l'existence d'un moteur de fusée ultra-luminique même si, dans la réalité, un tel moteur n'a pas plus de réalité qu'un vampire. En fait, ces deux rameaux fondateurs de la littérature de l'imaginaire sont très proches. Aujourd'hui, de plus, on assiste au renouveau d'un autre rameau, nommé *fantasy*, qui emprunte des thèmes et des éléments à la fois à la S-F et au fantastique ; nous en trouverons des exemples dans ce recueil car il est apparu dès le début du XXe siècle.

Mais arrêtons-nous un instant sur les pionniers qui, avant Jules Verne, jetèrent les premières bases de la science-fiction. Le premier fut un Grec, Lucien de Samosate (IIe siècle après J.-C.), qui raconta un voyage dans la Lune au cours de son dialogue *Icaroménippe*. Il est d'usage de citer ensuite *l'Utopie* de Thomas More (1516) qui eut certes une influence sur toutes les descriptions de civilisations utopiques ultérieures, mais ne contient aucun élément spéculatif. En revanche More inspira à Francis Bacon sa *Nouvelle Atlantide* (1627) qui met l'accent sur le pouvoir de l'avance technologique pour justifier sa cité utopique. Trente ans plus tard, en 1657, on publia à Paris un ouvrage posthume de Savinien Cyrano de Bergerac : les *Histoires comiques par M. Cyrano Bergerac, contenant les États et Empires de la Lune,* suivi cinq ans plus tard par les *États et Empires du Soleil*, un autre manuscrit laissé par le bretteur et poète immortalisé au XIXe siècle par Edmond Rostand. Au siècle suivant citons *Les voyages de Gulliver* de l'Irlandais Jonathan Swift (1756) et *L'an 2000 ou la Régénération* de Restif de la Bretonne (1789), un écrivain français plus connu pour ses romans érotiques. En 1817, une toute jeune Anglaise (elle avait vingt ans), Mary Shelley, mariée depuis deux ans au poète Shelley, écrivit par jeu un roman gothique. Son mari et lord Byron, qui devaient eux aussi rédiger une « ghost story », ne donnèrent pas suite à ce projet. Mary Shelley s'obstina et rédigea *Frankenstein* qui, grâce au cinéma, accéda plus tard au statut de mythe (même si on ne lit plus guère le texte d'origine aujourd'hui). En 1826, elle publia un véritable roman d'anticipation, *The Last Man,* qui raconte la disparition de l'homme de la surface de la Terre, en 2073, à la suite d'une maladie contagieuse dévastatrice. Enfin Edgar Allan Poe, parmi des récits fantastiques ou policiers, annonça parfois la S-F dans certaines nouvelles, par exemple dans *La vérité sur le cas de M. Valdemar* (1845), et dans son court roman *Les aventures d'Arthur Gordon Pym* (1837). Ce livre, où l'on évoque le contact avec des entités étrangères venues d'outre-espace ou d'outre-temps, inspira Lovecraft et Abraham Merritt, et fut à l'origine de nombreux textes de *fantasy*.

Mais c'est véritablement Jules Verne qui créa le genre en 1864 avec *Voyage au centre de la Terre*, suivi l'année suivante par *De la Terre à la Lune*. L'anticipation scientifique était née. *Vingt mille lieues sous les mers* et sa suite *L'île mystérieuse, Robur le Conquérant, Maître du Monde, Autour de la Lune* en sont autant de réussites constamment rééditées depuis leur parution. Parmi les thèmes traités, je citerai le voyage spatial, l'exploration sous-marine, l'invisibilité, la vie à l'intérieur de notre globe, mais aussi les risques d'anéantissement de notre civilisation suite à un cataclysme (*L'éternel Adam*, 1910). Jules Verne, de son temps, fut admiré dans tous les pays, sauf en France où on le tint pour un amuseur, un auteur de romans pour la jeunesse sans réelle qualité littéraire, et où on lui refusa toujours l'Académie française à laquelle il aspirait. Il est aujourd'hui l'un de nos deux écrivains les plus lus dans le monde.

En 1882, le dessinateur français Albert Robida essaya d'imaginer graphiquement ce que serait le siècle suivant dans son fameux album *Le XXe siècle*. L'année 1886 vit paraître deux livres importants : *She* de Sir Henry Rider Haggard, un roman sur l'immortalité qui inspire encore aujourd'hui les auteurs de *fantasy*, et *L'étrange cas du Dr Jekyll et de Mr Hyde* de Robert-Louis Stevenson où une préparation chimique provoque un dédoublement de la personnalité. Mais la dernière étape importante de la création du genre fut l'apparition de l'écrivain anglais H.G. Wells qui publia coup sur coup trois romans de premier plan : *La machine à explorer le temps* (1895), *L'homme invisible* (1897) et *La guerre des mondes* (1898). La science-fiction moderne était prête à naître.

Avec Verne et Wells la France et l'Angleterre auraient pu prendre la tête de ce mouvement ; il n'en fut rien. Un Luxembourgeois, Hugo Gernsback, émigra aux États-Unis en 1904. Passionné de radio et d'électricité, il lança une revue, *Modern Electrics*, en 1908. Bientôt il y publia de petites nouvelles d'un genre qu'il nomma d'abord « scientifiction » ; ces récits étant bien accueillis par le public, il entreprit d'écrire un roman, *Ralph 124 C 41 +*, qui parut en 1911. Ce livre, nul du point de vue littéraire, était un véritable catalogue d'inventions à venir : télévision, cultures hydroponiques, vol spatial, éclairage fluorescent, microfilms, enregistrements magnétiques, radar et même distributeur automatique de boissons. Il est vrai que la science avait fait d'immenses progrès depuis le XIXe siècle : des appareils plus lourds que l'air avaient volé, on avait découvert la radioactivité et, dès 1905, Einstein avait exposé sa théorie de la relativité ; néanmoins reconnaissons que Gernsback fut bon prophète. Quelques années plus tard, l'intérêt du public ne se démentant pas pour ce genre d'histoires, il décida de créer un *pulp* qui leur serait entièrement consacré.

Ce début de siècle fut en effet l'époque des *pulps*, nom donné à des magazines très bon marché (10 *cents*) par allusion au mauvais papier pulpe sur lequel on les imprimait. Frank A. Munsey en possédait toute une série couvrant tous les genres populaires possibles : policier, guerre, aviation, espionnage, western, érotique, récits des mers du Sud, etc. Il y eut même un *pulp* consacré aux histoires de pompiers ! Tous paraissaient sous des couvertures dessinées, hautes en couleur, sur lesquelles une jeune fille à demi nue échappait généralement à une mort horrible. Munsey mourut en 1925. Un confrère lui consacra cette brève nécrologie : « Frank A. Munsey, le grand directeur de journal, est mort. Il a apporté au journalisme de son époque le talent d'un charcutier, l'éthique d'un usurier et le style d'un croque-mort. Lui et ses semblables ont peu à peu réussi à transformer une noble profession en un placement à 8 % ». Peut-être avait-il raison, encore que les charcutiers ne soient pas dénués de talent, mais Munsey a bien mérité de la S-F car il fut l'éditeur de *Argosy* et de *All-Story*, qui publièrent en feuilleton de grands romans de *fantasy* d'où l'élément « scientifiction » n'était pas absent. Edgar Rice Burroughs ouvrit la voie en 1912 avec *Les conquérants de la planète Mars*. Certes le futur auteur de Tarzan n'offrait aucune explication rationnelle à l'arrivée de son héros sur la planète rouge, mais il situait son récit dans un contexte d'aventures extraterrestres. Plusieurs autres volumes racontèrent les exploits de John Carter et de la belle Dejah Thoris et connurent un vif succès. Tarzan lui-même vécut bien des aventures dont l'élément spéculatif n'était pas absent (civilisations disparues dans *Tarzan le terrible*, ou cachées au centre de notre globe dans *Tarzan et Pellucidar*). En 1918 Abraham Merritt, un journaliste de talent, publia *Le gouffre de la Lune* ; ce roman racontait la découverte, sur un îlot du Pacifique, de l'entrée d'un monde souterrain où vivaient des hommes et des créatures non humaines. Il écrivit ensuite plusieurs autres romans mélangeant fantastique et S-F d'une qualité telle qu'ils sont encore réédités aujourd'hui.

En 1923 un *pulp* indépendant et à faible tirage, *Weird Tales*, consacré à des histoires fantastiques et d'horreur, fit son apparition. Dans l'éditorial du premier numéro, le rédacteur en chef affirmait même son intention d'aborder les « sujets interdits », c'est-à-dire la sexualité et ses perversions. De fait il y eut un feuilleton sur la nécrophilie et dans un autre texte, que je n'ai pas eu entre les mains, le héros émasculé par un criminel serait devenu la petite amie de son ancienne fiancée ! Si *Weird Tales* n'avait publié que des textes aussi outrés, il serait sans doute bien oublié aujourd'hui, mais c'est dans ses pages que parurent l'essentiel de l'œuvre de H.P. Lovecraft et les célèbres récits de Conan le Cimmérien par Robert Howard. Les premières années on y découvre surtout des récits d'horreur (Seabury Quinn), de *weird fantasy* (Lovecraft) ou d'*heroic fantasy* (Howard) mais bientôt la « scientifiction », chère à Gernsback, y fit son apparition (Edmond Hamilton). Grâce à Lovecraft, ce magazine changea l'image du fantastique. Certes cet auteur fut influencé par Lord Dunsany et Arthur Machen (*Le grand dieu Pan*), mais il exprima de nouvelles peurs qui éclipsèrent bientôt celles des fantômes, vampires et loups-garous du siècle précédent. Chez le solitaire de Providence ce sont les Grands Anciens, qui occupèrent la Terre avant l'apparition de l'homme, ou des créatures maléfiques venues d'outre-espace qui nous menacent, non des épigones de Satan. C'est en cela que H.P. Lovecraft appartient pleinement au mouvement de science-fiction qui débute.

Toutes les conditions étaient enfin réunies pour qu'un magazine entièrement consacré à ce style de récits puisse paraître. Le premier numéro d'*Amazing Stories* sortit en avril 1926, sous forme d'un *pulp* grand format (21,5 cm × 30 cm) ; il comportait des rééditions de textes de Jules Verne, Edgar Poe et H.G. Wells, les trois auteurs que Gernsback considérait comme les maîtres du genre. Verne était représenté par la réédition en feuilleton de son roman *Hector Servadac*, qui ne figure pas parmi ses œuvres maîtresses, mais dont le sujet, le tour du système solaire, correspondait bien à la ligne éditoriale voulue par Gernsback. Cet ouvrage terminé, *Voyage au centre de la Terre* lui fit suite. Les premiers numéros furent surtout consacrés à des réimpressions de romans et nouvelles parus dans les magazines de Frank A. Munsey, par exemple, *Le gouffre de la Lune* d'Abraham Merritt à partir du numéro de mai 1927. Les inédits y furent rares et, soyons sincères, médiocres.

En septembre 1927, H.P. Lovecraft parut pour une seule et unique fois au sommaire d'*Amazing* avec son célèbre récit *La couleur tombée du ciel,* certainement son texte le plus proche de la S-F classique. Il s'agit sans nul doute de la meilleure nouvelle inédite publiée par Gernsback, à qui il faut toutefois accorder le mérite d'avoir su donner leur première chance à de jeunes gens qui devinrent des auteurs de premier plan par la suite : Jack Williamson, E.E. Doc Smith, John W. Campbell, Harl Vincent entre autres. Les amateurs connaissent tous la bande dessinée classique, *Buck Rogers au XXVe siècle*, souvent adaptée au cinéma ; ils savent peut-être moins qu'elle a pour origine un long récit de Philip Francis Nowlan, *Armageddon 2419 après J.-C.*, paru en août 1928 dans *Amazing*. Le dessin « si personnel » de Dick Calkins n'était en réalité qu'une imitation du style de Frank R. Paul, l'auteur de la couverture de ce numéro.

En avril 1929 Hugo Gernsback eut la mauvaise surprise d'être déclaré en faillite, grâce à une manœuvre ignoble, mais légale, d'un de ses concurrents. Son magazine changea de mains. Deux mois plus tard, avec son équipe d'auteurs et d'illustrateurs, il créa un nouveau *pulp*, *Science Wonder Stories*, identique au précédent. C'est là, dans l'éditorial du numéro 1, qu'il va employer pour la première fois le mot *science-fiction* : « C'est moi qui ai donné naissance au mouvement de science-fiction en Amérique en 1908, dans mon premier magazine *Modern Electrics* », écrivit-il. Le terme fut presque aussitôt adopté par toute la profession et, au début des années 1950, il franchit l'Atlantique pour s'implanter en France.

Quel jugement porter aujourd'hui sur Gernsback ? Pour la grande majorité des amateurs d'outre-Atlantique, il est et restera le « père de la science-fiction », et c'est en son honneur que le prix du meilleur roman de S-F paru chaque année est nommé « Hugo ». Pour quelques écrivains et critiques, Gernsback eut une influence déplorable en enfermant le genre au sein de la littérature populaire, en le ghettoïsant, et en cherchant à y introduire des notions scientifiques à la fois superficielles et inutiles. Il est vrai que son roman *Ralph 124 C 41 +* est aujourd'hui devenu illisible, alors que les œuvres de Lovecraft ou Merritt trouvent chaque année de nouveaux lecteurs. Toutefois une chose est certaine : Jules Verne en France, H.G. Wells en Grande-Bretagne n'ont pas fait école. Gernsback, grâce au support bariolé de son magazine et à son courrier des lecteurs qui a permis aux fans de se rencontrer, a créé un mouvement. Sans lui, nous aurions assurément vu paraître un certain nombre de romans de S-F, mais il n'y aurait probablement pas eu *LA* science-fiction. Alors, il mérite bien le « Hugo » d'honneur qui lui fut décerné en 1960.

* *
*

Janvier 1930 est la seconde date importante dans l'histoire du genre. C'est ce mois-là que fut créé un autre *pulp*, *Astounding Stories of Super-Science,* que rien ne vint d'abord différencier de ses concurrents. Pourtant il allait rapidement devenir la meilleure revue du genre. Son titre changea plusieurs fois au cours des années, cependant le magazine existe toujours en cette année 2000, sous le nom d'*Analog*. Pourquoi surpassa-t-il les autres magazines ? J'aimerais pouvoir dire que ce fut grâce à un rédacteur en chef de génie, ou à l'apparition de jeunes écrivains de grand talent ; la raison en est plus banale. Les auteurs de *pulps* étaient payés un *cent* le mot, moitié moins à *Weird Tales*. À partir de 1932, *Astounding* changea de mains et la nouvelle direction annonça qu'elle allait payer deux *cents* le mot. C'était une décision courageuse puisqu'on était encore en pleine crise économique suite au krach de 1929, mais elle suffit à lui permettre de se voir proposer en priorité tous les manuscrits. De plus F. Orlin Tremaine, le rédacteur en chef, accepta de lire les textes envoyés par les amateurs au lieu de travailler toujours avec la même petite équipe, ce qui lui permit de découvrir de nouveaux auteurs.

Un seul groupe résista à l'appât du gain : le plus mal payé, celui de *Weird Tales*, qui était viscéralement attaché à son magazine. Lovecraft continuait d'y publier ses œuvres maîtresses, numéro après numéro (*Je suis d'ailleurs, Le modèle de Pickman, L'abomination de Dunwich*, etc.). Robert E. Howard y créa, dans *Le phénix sur l'épée* (décembre 1932), son plus célèbre personnage, Conan le Cimmérien. Les récits d'Howard consacrés au barbare tiennent en huit volumes. Depuis sa mort, survenue en 1936, il est paru plus de cinquante romans mettant en scène Conan, rédigés par des auteurs divers, dont certains de qualité (Robert Jordan, par exemple). Deux films à gros budget et une série de *comic-books* attestèrent de la popularité de ce roi supposé vivre au tout début de l'ère historique. L'année suivante, dans le numéro de décembre 1933, *Weird Tales* introduisait un nouvel écrivain, C.L. Moore, avec son célèbre texte *Shambleau*, une variation sur le thème de la Méduse dans l'environnement extraterrestre de la planète Mars. L'auteur, une toute jeune fille à l'époque, avait dû dissimuler son sexe pour se faire accepter par le milieu masculin des *pulps*. Henry Kuttner, qui écrivait dans plusieurs magazines, s'enthousiasma pour le récit de son collègue Moore et le lui écrivit. Il fut très surpris de recevoir une réponse de Miss Moore et l'épousa.

Attardons-nous un instant sur l'année 1932, qui vit le nouveau départ d'*Astounding* et la création de Conan, pour signaler la parution en Angleterre d'un roman de littérature générale, *Le meilleur des mondes* d'Aldous Huxley, qui marqua profondément le petit monde de la S-F. Cette anti-utopie est située dans le futur et présente tous les aspects extérieurs de l'anticipation, mais Huxley précisa bien qu'il n'avait en aucun cas voulu écrire de la science-fiction, genre qu'il méprisait. Néanmoins le monde totalitaire qu'il décrivait, l'utilisation d'une drogue, le *soma* (mot emprunté à *L'Utopie* de Thomas More), pour maintenir les hommes en esclavage, eut un retentissement certain sur les auteurs spécialisés. Ironie du sort, à la fin de sa vie, Aldous Huxley fit campagne pour la libre utilisation du LSD sans se rendre compte qu'il faisait ainsi le premier pas vers la société du soma !

Mais revenons aux *pulps* des années 1932-1939.

Doc Savage fut lancé en mars 1933 et connut 181 parutions avant d'être réédité à partir de 1965 aux États-Unis, en livre de poche, et d'approcher le million d'exemplaires vendus. Lester Dent et quelques autres rédigèrent les aventures de l'Homme de bronze sous le pseudonyme de Kenneth Robeson. Elles font presque toutes appel à de nouvelles inventions, à une super-science, à des savants fous et à des civilisations qu'on croyait disparues. De la S-F populaire et naïve donc, mais menée à un train d'enfer, ce qui explique son succès.

Dans *Astounding*, de nouveaux auteurs apparaissent et y côtoient les meilleurs éléments de Gernsback. On y trouve John W. Campbell, Nat Schachner, Ray Gallun, Harl Vincent, E.E. Doc Smith qui poursuit la série des *Lensmen* commencée avec *Triplanétaire*, l'archétype du *space opera* (une transposition dans l'espace de la littérature d'aventures et de conquête des terres vierges), et Jack Williamson qui, dans *La légion de l'espace*, transforme en astronautes les personnages des *Trois mousquetaires* ! Enfin Stanley Weinbaum rejoint l'équipe de F. Orlin Tremaine. Il avait fait ses débuts en juillet 1934 dans *Wonder Stories* avec *L'odyssée martienne*, un texte important car, pour la première fois, une créature extraterrestre était présentée sous un jour favorable, bien que son intelligence fût trop différente de celle de l'homme pour parvenir à communiquer avec lui. Weinbaum mourut prématurément à l'âge de trente-cinq ans, et avec lui disparaissait un des plus sûrs espoirs de la S-F de l'époque.

Tremaine accepta de publier deux des récits les plus aboutis de H.P. Lovecraft : *Les montagnes hallucinées*, en février 1936, qui se présente comme la suite et conclusion des *Aventures d'Arthur Gordon Pym* d'Edgar Poe, et *Dans l'abîme du temps*, en juin 1936. Les deux fois, le texte de Lovecraft était illustré en couverture, honneur qui ne lui fut jamais accordé dans *Weird Tales*. Fin 1937, F. Orlin Tremaine fut appelé à des fonctions plus importantes et choisit pour successeur John W. Campbell, alors âgé de vingt-sept ans. Campbell occupa ce poste jusqu'à sa mort en 1971 et, durant tout ce temps, régna d'une main de fer sur presque toute la S-F américaine. En tant qu'auteur, son dernier texte publié dans *Astounding* parut en août 1938 et s'intitulait *La bête d'un autre monde* ; l'influence de ce récit fut considérable et va de van Vogt au film *Alien*. Campbell cessa alors d'écrire pour se consacrer à son magazine.

Signalons enfin la parution, en 1937, d'un livre pour adolescents qui passa complètement inaperçu à l'époque, *Bilbo le Hobbitt* de J.R.R. Tolkien. Il devait devenir le point de départ d'une saga qui bouleversa la *fantasy* et, par là même, toute la science-fiction de la fin du XXe siècle.

En cette fin de l'année 1937 rien ne permettait de prévoir l'apparition imminente d'une nouvelle S-F plus fouillée, plus adulte, plus psychologique. C'est pourtant ce qui va se produire et, de 1938 à 1940, tous les grands auteurs classiques du genre vont publier leur premier texte ; nous les découvrirons dans le second volume de cette histoire de la S-F en *Librio*, intitulé *L'âge d'or (1938-1957)*.

Abraham MERRITT

Les êtres de l'abîme

Ce premier texte est paru aux États-Unis à la fin de 1917, dans le numéro de janvier 1918 de All-Story Weekly, *un des* pulps *les plus populaires de l'époque. Il était déjà considéré comme un classique lors de sa réédition dans le numéro 1 d'*Amazing Stories *en avril 1926.*

Abraham Merritt (1884-1943) était à l'époque un journaliste apprécié. Né dans le New Jersey, près de Philadelphie, dans une famille de quakers, il voulut entreprendre des études de droit après la high school, *mais n'eut pas les moyens financiers de les poursuivre longtemps. Il passa une année au Mexique et en Amérique centrale – on en retrouve l'influence dans son œuvre – puis devint reporter au* Philadelphia Inquirer. *Après quelques années, il fut engagé par l'*American Weekly, *un important hebdomadaire tirant à cinq millions d'exemplaires. Il en devint rédacteur en chef en 1937 et le resta jusqu'à sa mort prématurée des suites d'une crise cardiaque.*

Cette activité professionnelle explique que Merritt ait peu écrit : quelques nouvelles et neuf romans. Le premier d'entre eux, Le gouffre de la Lune, *parut en feuilleton en 1918 dans* All-Story Weekly *et sa suite y fut publiée l'année suivante. Le livre le plus abouti de l'auteur,* La nef d'Ishtar, *passionna six semaines durant les lecteurs du magazine, alors nommé* Argosy-All-Story, *à partir de novembre 1924. Quatorze ans plus tard* Argosy *demanda à ses lecteurs de désigner le meilleur roman édité dans les pages du magazine, ce qui allait des* Trente-neuf marches *de John Buchan au* Fantôme de l'opéra *de Gaston Leroux, en passant par les récits d'Edgar Rice Burroughs. Ce fut néanmoins* La nef d'Ishtar *qui arriva en tête et fut republiée à partir d'octobre 1938 dans les pages du magazine.*

L'influence de Merritt sur les auteurs de fantasy *comme de science-fiction fut considérable. On lui reproche aujourd'hui son sentimentalisme exagéré et des images poétiques fades ; son image de la femme surtout est terriblement datée. Merritt ne voit en elle que la pure vierge ou la pécheresse corrompue ; imprégné de la littérature de l'ère victorienne, il ne connaît ni la mère ni l'épouse – ne parlons évidemment pas d'une libre compagne. C'est ce qui explique que son influence, persistante jusqu'au début des années 1980, ait aujourd'hui disparu. De toute façon, en écrivant ses récits une cinquantaine d'années plus tôt, Abraham Merritt n'en demandait sans doute pas tant.*

Devant nous, au nord, un rai de lumière jaillit, montant vers le zénith. Il avait surgi derrière la montagne déchiquetée vers laquelle nous nous dirigions depuis le matin. Le rayon lumineux transperça une sorte de colonne de brume bleue dont les bords étaient aussi vivement délimités que la pluie tombant des extrémités d'une nuée d'orage. On aurait dit un faisceau de projecteur pénétrant l'azur, mais ne projetant aucune ombre.

Tandis que la lumière s'élevait, les cinq crêtes furent comme soulignées d'un trait noir, et nous vîmes que l'ensemble de la montagne avait la forme d'une main. Silhouettés par l'étrange lueur, les gigantesques doigts des cinq sommets parurent s'étirer, les contreforts eux-mêmes formant une paume levée, comme pour rejeter quelque chose. Le faisceau scintillant resta immobile pendant un instant, puis se brisa en une myriade de petits globes lumineux qui se balancèrent dans les airs et retombèrent lentement. Ils semblaient chercher quelque chose.

La forêt était devenue silencieuse, comme si elle retenait sa respiration. Les chiens se collèrent contre mes jambes. Ils se taisaient aussi, mais je sentais trembler tous leurs muscles, leur poil se hérissait sur la nuque, et leurs yeux, fixés sur les étincelles phosphorescentes tombant lentement, étaient emplis de terreur.

Je me tournai vers Starr Anderson. Il regardait vers le nord où, une fois encore, le grand faisceau venait de jaillir.

— La montagne en forme de main, dis-je, sans remuer les lèvres.

Ma bouche était aussi sèche que si Lao T'zai avait versé dans mon gosier sa poussière de peur.

— C'est la montagne que nous recherchions, me répondit-il sur le même ton.

— Mais cette lumière ? Qu'est-ce que c'est ? Sûrement pas une aurore boréale !

— Qui a jamais vu une aurore boréale en cette saison ?

Il venait d'exprimer mes propres doutes.

— J'ai comme l'impression, reprit-il, qu'on traque quelque chose, là-bas... Qu'il s'agit d'une espèce de chasse étrange menée par ces lumières... Bonne chose que nous soyons hors de portée.

— La montagne semble bouger, chaque fois que le faisceau lumineux jaillit. Qu'est-ce que ça cache, Starr ? Ça me fait penser à la main de nuage congelée que Shan Nadour a postée devant la Porte des Succubes pour les maintenir dans les antres prévus pour eux par Eblis.

Il me fit taire d'un geste et tendit l'oreille.

Une sorte de chuchotement nous parvenait, du nord, et très haut au-dessus de nous. Ce n'était pas l'espèce de crépitement de l'aurore boréale, ce bruissement de vents fantômes de l'aube des temps agitant des arbres squelettiques millénaires qui abritaient Litith. Ce chuchotement posait une question, avidement. Il nous enjoignait de nous approcher de la lumière. Il nous... attirait !

Il y avait dans le son étrange une insistance inexorable. Il étreignait mon cœur, avec des milliers de doigts tremblants et peureux, m'emplissant d'un immense désir de m'élancer, de courir, de me plonger dans cette lumière. Ce devait être ce qu'Ulysse avait éprouvé quand il avait été lié à son mât et que tout son être cherchait à se libérer pour obéir au chant cristallin des sirènes.

Le chuchotement devint plus fort.

— Regarde les chiens ! cria brusquement Starr. Qu'est-ce qu'ils ont ?

Les Malamutes couraient en gémissant vers la lumière. Nous les vîmes disparaître sous les arbres. Nous les entendîmes hurler à la mort. Et puis ce son même s'atténua et se tut, et il ne resta plus que le murmure insistant dans le ciel.

La clairière où nous avions campé s'ouvrait vers le nord. Nous étions arrivés sans doute à cinq cents kilomètres au-delà de la première des grandes boucles du Kuskokwim qui se jette dans le Yukon. Indiscutablement, nous nous trouvions en terrain vierge. Nous étions partis de Dawson au début du printemps vers une montagne perdue entre les cinq sommets de laquelle – le sorcier Athabascan nous l'avait assuré – l'or ruisselait comme la glaise d'un poing fermé.

Il nous avait été impossible de persuader le moindre Indien de nous accompagner. La terre de la Montagne de la Main était maudite, affirmaient-ils.

La veille au soir, nous avions distingué une montagne au sommet déchiqueté à peine visible. Et maintenant, grâce à la vive lumière qui nous guidait, nous comprenions que c'était le lieu même que nous recherchions.

Anderson sursauta. Un nouveau bruit étrange se faisait entendre dans le chuchotement, un bruit de pas et de branches dérangées, comme si un petit ours venait vers nous.

Je jetai une brassée de branches sèches sur notre feu et dans les flammes montantes je vis quelque chose surgir des fourrés. La créature marchait à quatre pattes, mais pas comme un ours. J'eus soudain l'impression de voir un bébé essayant de gravir un escalier. Les pattes de devant se levèrent et s'agitèrent d'une manière infantile. C'était à la fois grotesque et terrible. Instinctivement, nous saisîmes nos fusils, et les rejetâmes aussitôt. Cet être rampant était un homme !

Oui, c'était bien un homme ! Il se traîna jusqu'à notre feu, et s'arrêta.

— Sauvé, souffla-t-il d'une voix qui semblait un écho du chuchotement céleste. Ici, je suis sauvé. Ils ne peuvent pas sortir de l'azur, vous savez. Ils ne peuvent pas vous attraper, à moins que vous ne leur répondiez...

— Un fou, dit Anderson.

Puis il s'adressa avec douceur à cette chose brisée qui avait été un homme :

— Vous ne risquez rien, personne ne vous poursuit.

— Ne leur répondez pas, répéta l'être rampant. Aux lumières, je veux dire.

— Les lumières, m'écriai-je, la surprise me faisant oublier la pitié. Que sont-elles ?

— Les êtres de l'abîme, murmura-t-il.

Ayant prononcé ces mots, il tomba sur le côté. Nous nous précipitâmes vers lui. Anderson s'accroupit.

— Seigneur ! Frank, regarde ça !

Il me montrait les mains de l'homme. Les poignets étaient enveloppés de chiffons, des lambeaux d'une chemise de tissu épais. Les mains elles-mêmes n'étaient que des moignons. Les doigts avaient été repliés dans les paumes, et la chair usée jusqu'à l'os. On aurait dit des pieds de petit éléphant noir ! Je relevai les yeux pour examiner le corps. L'homme portait à la taille une lourde ceinture de métal jaune d'où pendaient un anneau et quelques maillons d'une chaîne en métal blanc brillant.

— Qu'est-ce que c'est que cet homme ? s'exclama Anderson. D'où vient-il ? Regarde, il s'est endormi ! Et pourtant, dans son sommeil, il essaye de grimper, ses bras et ses jambes remuent... Et ses genoux ! Comment diable a-t-il pu se traîner sur ses genoux ?

En effet, dans son sommeil, l'homme continuait de grimper, si l'on peut dire. Ses bras et ses jambes semblaient animés d'une vie propre, indépendante de son corps. Leurs mouvements évoquaient un sémaphore. Si jamais il vous est arrivé de vous trouver à l'arrière d'un train et d'avoir vu les sémaphores se dresser et retomber, vous comprendrez fort bien ce que je veux dire.

Soudain, le chuchotement céleste se tut. Le faisceau de lumière retomba et ne rejaillit plus. L'homme rampant s'immobilisa. Un petit jour rose commença de se lever ; la brève nuit de l'Alaska était terminée. Anderson se frotta les yeux et tourna vers moi un visage hagard.

— Eh bien ! s'écria-t-il. Tu es pâle comme la mort !

— Pas plus que toi, Starr, répliquai-je. C'était absolument horrible ! Qu'est-ce que tu penses de ça ?

— Je pense que la solution de l'énigme est là, dit-il en désignant la silhouette immobile sous les couvertures que nous avions jetées sur elle. Quels qu'ils soient, c'était à lui qu'ils en avaient. Ces lumières n'étaient pas une aurore boréale, Frank. C'était comme l'éclat d'une espèce d'enfer étrange dont les pasteurs ne nous ont jamais menacés.

— Nous n'irons pas plus loin aujourd'hui, déclarai-je. Je ne voudrais pas le réveiller pour tout l'or qui ruisselle entre les doigts de ces cinq sommets, ni pour tous les démons qui s'y dissimulent.

L'homme dormait d'un sommeil profond comme le Styx. Nous baignâmes et pansâmes les moignons qui avaient été des mains. Les bras et les jambes étaient aussi raides que des béquilles. Il ne bougea pas, tandis que nous le soignions. Il resta comme il était tombé, sur le flanc, en chien de fusil.

J'entrepris de limer la bande de métal qui encerclait la taille du dormeur. C'était de l'or, mais qui ne ressemblait en rien à l'or que je connaissais. L'or pur est mou. Celui-ci l'était aussi, mais paraissait animé d'une vie propre.

Il se collait à ma lime et j'aurais juré qu'il se tordait comme une chose vivante quand je l'entamai. Je finis par couper la ceinture, écartai les extrémités et la rejetai loin de moi. C'était... répugnant !

Toute la journée, l'inconnu dormit. La nuit vint, et il dormait toujours. Mais, cette nuit-là, il n'y eut pas de faisceau de lumière bleue derrière la montagne, pas de globes incandescents, pas de chuchotements. Le sortilège d'horreur semblait s'être éloigné, mais pas très loin. Anderson et moi, nous sentions que la menace était toujours là, à l'écart peut-être, mais en attente.

Il devait être midi, le lendemain, quand l'homme rampant s'éveilla. Je bondis en entendant sa voix lente, bien modulée.

— Combien de temps ai-je dormi ? demanda-t-il en tournant vers moi des yeux bleu très clair.

— Une nuit... et presque deux jours, répondis-je.

— Y avait-il des lumières dans le ciel, hier soir ? Un chuchotement, vers le nord ?

— Non.

Sa tête retomba sur le sol et il contempla l'azur.

— Ils ont renoncé, alors ? dit-il enfin.

— Qui a renoncé à quoi ? demanda Anderson.

— Les êtres de l'abîme, répliqua l'homme rampant.

Nous le regardâmes avec stupéfaction et pour ma part j'éprouvai de nouveau cette espèce d'étrange désir qu'avaient suscité en moi les lumières.

— Les êtres de l'abîme, répéta-t-il. Des choses qu'un démon du mal a créées avant le Déluge et qui ont échappé je ne sais comment à la vengeance du bon Dieu. Ils m'appelaient, conclut-il avec simplicité.

Nous nous regardâmes, Anderson et moi, et la même pensée nous vint.

— Non, reprit l'homme rampant en nous devinant. Je ne suis pas fou. Donnez-moi un peu d'eau à boire, très peu. Je vais bientôt mourir. Voulez-vous m'emmener aussi loin que possible vers le sud, avant que je ne meure ? Et, ensuite, voulez-vous préparer un feu et brûler mon corps ? Je veux disparaître de telle façon qu'aucune de leurs ruses infernales ne puisse me ramener vers eux. Vous le ferez, quand je vous aurai tout dit, ajouta-t-il en voyant notre hésitation.

Il but un peu de cognac étendu d'eau que nous portâmes à ses lèvres.

— Mes bras et mes jambes sont morts, et je le serai bientôt, murmura-t-il. Ils ne m'ont pas raté. Maintenant je vais vous dire ce qu'il y a derrière cette main. L'enfer !... Écoutez. Je m'appelle Stanton. Sinclair Stanton. Sorti de Yale en 1900. Explorateur. Je suis parti de Dawson l'année dernière, pour chercher cinq sommets qui se dressaient comme une main dans une région hantée, et d'où l'or ruisselait. C'est ce que vous cherchez aussi ? Je m'en doutais. L'année dernière, vers la fin de l'automne, mon compagnon est tombé malade. Je l'ai renvoyé, avec quelques Indiens. Un peu plus tard, mes Indiens ont découvert ce que je recherchais. Ils se sont enfuis, m'ont abandonné. J'ai tenu bon, me suis construit une cabane, j'ai hiverné avec mes provisions. Je n'ai pas trop souffert, l'hiver était assez doux, si vous vous souvenez. Au printemps je suis reparti. Il y a quinze jours environ, j'ai aperçu les cinq sommets. Mais pas de ce côté-ci. De l'autre... Vous avez encore un peu de cognac ?... J'ai fait un trop grand détour, reprit-il. Trop au nord. Je suis revenu sur mes pas. De ce côté on ne voit rien que de la forêt jusqu'à la base de la main. Mais de l'autre...

Il se tut pendant quelques instants.

— De l'autre côté, il y a aussi la forêt. Mais elle ne monte pas si haut. Non. J'en suis sorti. J'ai vu une vaste plaine s'étendant devant moi sur des kilomètres. Elle paraissait aussi aride, aussi vieille que le désert qui entoure les ruines de Babylone. Et, au bout, les pics se dressaient. Entre eux et moi, dans le lointain, il y avait comme une espèce de mur de rochers, ou de digue. Et puis... j'ai trouvé la route !

— La route ? s'exclama Anderson stupéfait.

— Une route, oui. Une route bien pavée, bien unie, qui filait tout droit vers la montagne. Oh oui, c'était bien une route, et usée comme si des millions et des millions de pieds l'avaient foulée, depuis des millénaires. De chaque côté, il y avait du sable et des tas de pierres. Et, au bout d'un moment, ces pierres m'intriguèrent.

Elles étaient taillées, et la forme des tas me fit penser qu'autrefois, il y a cent mille ans, elles avaient été des ruines de maisons. Elles semblaient très anciennes, elles évoquaient le travail de l'homme, et en même temps elles donnaient une impression d'antiquité immémoriale... Les sommets se rapprochaient. Les amas de ruines devenaient plus nombreux. Quelque chose d'infiniment désolé planait sur ces pierres, quelque chose de sinistre, qui serrait le cœur comme une caresse de fantômes si vieux qu'ils ne pouvaient être que des spectres de spectres. Je poursuivis mon chemin. Je voyais maintenant que ce que j'avais pris pour des collines, à la base de la montagne, était en réalité un amas de ruines plus important. La Montagne de la Main était beaucoup plus loin. La route traversait ces ruines et passait entre deux rochers immenses qui formaient comme un portail...

L'homme rampant s'interrompit. Ses mains s'agitèrent, comme pour grimper, et des gouttes de sueur perlèrent à son front. Au bout d'un moment, il se calma et sourit.

— C'était bien une porte, poursuivit-il. Je l'atteignis. Je la franchis. Et je tombai de tout mon long en me cramponnant au sol dans ma terreur. Car je me trouvais sur une large plate-forme de pierre. Devant moi, il n'y avait rien ! Imaginez le Grand Canyon du Colorado, trois fois plus large, vaguement circulaire, dont le fond se serait effondré. Voilà à peu près ce que j'avais sous les yeux ! J'avais l'impression de plonger mon regard dans un abysse d'infini où rouleraient des planètes ! Au-delà de l'abîme se dressaient les cinq sommets, comme une main gigantesque levée en avertissement. Les rebords du gouffre s'élevaient tout autour de moi.

« Mon regard plongeait à une profondeur de trois cents mètres environ, et là une épaisse brume bleue cachait tout. Comme ce bleu que l'on voit s'amasser autour des hautes collines, au crépuscule. Mais l'abîme... C'était terrifiant ! Aussi effroyable que le Ranalak des Maoris qui se creuse entre les vivants et les morts, que seules les âmes récemment libérées peuvent franchir, et qui ensuite n'ont plus de forces pour revenir en arrière.

« Je reculai du bord de ce ravin sans fond et me relevai, tremblant et affaibli. Je m'appuyai d'une main contre un des rochers du portail. La pierre était gravée. Il y avait là la silhouette d'un homme au dos tourné, les bras levés au-dessus de la tête, et entre ses mains il paraissait porter une espèce de disque solaire, avec des rayons. Il y avait des symboles sur ce disque, qui me rappelèrent l'écriture chinoise. Mais ce n'était pas du chinois. Non ! Ces caractères avaient été tracés par des hommes plusieurs millénaires avant que la Chine naisse de la poussière des temps. Je regardai le rocher opposé. Il portait les mêmes gravures. Chacune des silhouettes était coiffée d'un curieux chapeau à visière. Les rochers eux-mêmes étaient triangulaires, et les images gravées du côté le plus proche de l'abîme. Le geste de ces silhouettes semblait en interdire l'accès. Je m'approchai. Derrière les mains levées et les disques, je distinguai vaguement des formes floues innombrables, et une multitude de globes.

« J'eus soudain la nausée. Je venais d'avoir l'impression, le pressentiment plutôt, qu'il s'agissait là d'énormes sangsues debout. Leurs corps gonflés semblaient se dissoudre, et reparaître pour s'effacer à nouveau... toutes sauf les globes qui représentaient leurs têtes et qui restaient très nets. Ils étaient... incroyablement répugnants. En proie à cette nausée inexplicable, je m'allongeai sur la plate-forme. Et alors... je vis l'escalier qui plongeait dans l'abîme.

— Un escalier ! m'écriai-je.

— Oui, un escalier, reprit l'homme rampant avec une patience infinie. Il me parut non pas taillé dans le roc mais plutôt construit dans le rocher. Chacune des marches devait être longue de sept mètres et large de deux. Elles descendaient de la plate-forme et disparaissaient dans la brume bleue.

— Un escalier, murmura Anderson sans pouvoir y croire, construit dans la paroi d'un précipice et menant dans un gouffre sans fond...

— Pas sans fond, interrompit l'homme. Il y avait un fond. Oui. Je l'ai atteint... J'ai pris l'escalier, je suis descendu... Descendu... Oui, reprit-il plus fermement, mais pas ce jour-là. J'ai établi un campement, en revenant sur mes pas, loin du portail. À l'aube, j'ai rempli mon sac de provisions, mes deux bidons de l'eau d'une source proche de ce portail, et je suis retourné, passant entre les deux monolithes gravés, pour me pencher sur l'abîme. J'ai enjambé le rebord. Les marches descendaient au flanc de la paroi, à quarante degrés. Tout en descendant, je les examinai. Elles étaient faites d'une espèce de roche verdâtre, tout à fait différente du porphyre granitique formant la falaise proprement dite. Je crus tout d'abord que les bâtisseurs avaient profité d'une veine en surplomb et y avaient taillé cet escalier gigantesque. Mais la régularité de son angle me fit douter de cette hypothèse.

« Après être descendu ainsi sur huit cents mètres environ, je me trouvai sur un palier. Là, l'escalier formait un angle aigu et les marches poursuivaient leur descente, serrant la paroi au même degré que le premier "étage". Après avoir pris trois de ces virages, je compris que l'escalier descendait tout droit, en formant une succession d'angles. Aucune veine ne pouvait être aussi régulière. Donc, les marches avaient été bel et bien construites. Mais par qui ? Et pourquoi ? La réponse se trouve dans les ruines bordant le gouffre, et ne sera sans doute jamais connue.

« À midi, j'avais perdu de vue le rebord de l'abîme. Au-dessus, au-dessous de moi il n'y avait plus que cette brume bleue. À mon côté aussi, c'était le néant car la paroi elle-même avait disparu depuis longtemps dans ce même brouillard. Je n'avais pas le vertige, je n'éprouvais nulle peur, uniquement une immense curiosité. Qu'allais-je découvrir ? Quelque merveilleuse civilisation oubliée, qui avait régné au temps où les pôles étaient des jardins tropicaux ? Un monde nouveau ? La clef du mystère de l'humanité ? Rien de vivant, en tout cas, tout cela était bien trop vieux pour que la vie y existât encore. Cependant, un ouvrage aussi admirable que cet escalier devait conduire à quelque chose de merveilleux. Mais quoi ? Je poursuivis ma descente.

« À intervalles réguliers, j'étais passé devant de petites grottes béantes. Il y avait trois mille marches, puis une ouverture, encore trois mille marches, puis une ouverture, et ainsi de suite. Vers la fin de l'après-midi je m'arrêtai devant une de ces crevasses. Je devais avoir plongé d'au moins cinq kilomètres vers le fond de l'abîme, mais les angles des "étages" étaient tels que j'avais dû couvrir en réalité plus du triple de cette distance. J'examinai l'entrée de la grotte. De part et d'autre, je vis des silhouettes gravées, les mêmes que celles de l'immense portail. Mais, là, elles étaient représentées de face, les bras tendus avec les disques comme pour repousser quelque chose venant du gouffre. Les visages étaient voilés, et il n'y avait pas de formes hideuses derrière les silhouettes.

« Je pénétrai dans la grotte. Elle était étroite, longue d'une vingtaine de mètres, sèche et parfaitement claire. Je voyais au-dehors le brouillard bleu s'élevant comme une colonne. J'éprouvai un extraordinaire sentiment de sécurité, bien qu'auparavant je n'aie eu conscience d'aucune crainte. Il me semblait que les silhouettes de l'entrée étaient des gardiens, mais protégeant de quoi ? Je me sentais tellement à l'abri qu'à ce moment ma curiosité même s'était émoussée.

« La brume bleue s'épaissit et devint légèrement luminescente. Je me dis que là-haut le soir tombait. Je mangeai, bus un peu, et m'endormis. À mon réveil, le bleu avait de nouveau pâli, et je pensai que le jour devait s'être levé au-dessus de moi. Je repartis. J'oubliais le gouffre béant à côté de moi. Je ne ressentais aucune fatigue, je n'avais ni faim ni soif et pourtant j'avais à peine mangé et bu. Je passai la nuit suivante dans une autre grotte. Et, au matin, je me remis à descendre. Ce fut vers la fin de cette journée que j'aperçus la ville...

L'homme s'interrompit et resta un moment silencieux.

— La ville, reprit-il enfin, la ville de l'abîme ! Une ville comme je n'en avais jamais vu, comme aucun homme n'en a jamais vu qui a vécu pour le raconter. Je dois vous expliquer que l'abîme doit avoir la forme d'une bouteille, l'ouverture entre les cinq sommets étant le goulot. Mais j'ignore la dimension du fond... Des milliers de kilomètres de diamètre, peut-être. Quant à ce qui se trouve au-delà de la ville, je n'en sais rien.

« J'apercevais de petits points de lumière, tout à fait au fond dans tout ce bleu. Puis je distinguai des cimes... d'arbres, je suppose. Mais pas comme les nôtres... des arbres hideux, reptiliens. Ils se dressaient sur de hauts troncs maigrelets et leur cime ressemblait à des espèces de nids de vipères, avec de vilaines petites feuilles pointues comme des têtes de serpent. Et ils étaient rouges, d'un rouge vif, affreux. Çà et là, je commençais à discerner des taches jaunes luisantes. Je compris que c'était de l'eau parce que je voyais des choses émerger à la surface, ou tout au moins des éclaboussures et des cercles de vaguelettes, mais je n'ai jamais très bien distingué ce qui avait troublé le calme de cette eau.

« La ville s'étendait juste au-dessous de moi. Des kilomètres de cylindres pressés les uns contre les autres et couchés sur le côté, entassés en pyramides... Je ne sais vraiment pas comment vous décrire cette ville... Tenez, supposez que vous ayez des tuyaux d'une certaine longueur, et que vous en posiez d'abord trois côte à côte, et dessus deux autres, et puis un seul. Ou bien vous en mettez d'abord cinq, puis quatre, et trois, et deux, et un. Vous comprenez ? C'est l'impression que j'avais.

« Et des tours les dominaient, des minarets, des pignons, des éventails, des monstruosités tordues, qui luisaient comme s'ils étaient recouverts d'une phosphorescence rose pâle. À côté des bâtiments, les arbres écarlates et venimeux se dressaient comme des têtes d'hydres géantes gardant des nids d'énormes vers luisants endormis !

« À quelques mètres au-dessous de moi, l'escalier s'écartait de la paroi pour passer sous une arche titanesque, surnaturelle comme le pont qui franchit l'enfer et mène à Asgard. Un des montants surgissait du sommet de la plus haute pile de cylindres et le second plongeait dans une autre pile et y disparaissait. C'était terrifiant... démoniaque.

L'homme rampant se tut encore une fois. Ses yeux se révulsèrent. Il se mit à trembler et ses jambes comme ses bras reprirent leur mouvement d'ascension incoercible. Un chuchotement s'échappa de ses lèvres, comme un écho de ce murmure céleste que nous avions entendu, la nuit où nous l'avions vu apparaître. Je posai une main sur ses yeux et il se calma.

— Les maudits ! murmura-t-il. Les Êtres de l'Abîme ! Est-ce que j'ai chuchoté ? Oui... Mais ils ne peuvent plus m'atteindre, à présent, ils ne peuvent pas !

Au bout d'un moment, il reprit posément son récit :

— J'ai franchi cette arche. Je suis descendu du sommet de cette... de cette construction. Je fus aussitôt environné d'une obscurité bleue, et je sentis l'escalier plonger en colimaçon. Je descendis et je me trouvai tout en haut de... Je ne puis vous dire quoi. Il faut bien que je l'appelle une pièce, une salle. Nous n'avons pas de mot pour décrire ce qu'il y a au fond de l'abîme. Le plancher, ou le sol, était à plus de trente mètres au-dessous de moi. Les murs s'évasaient depuis l'endroit où je me trouvais, en formant une suite de croissants de plus en plus vastes. Le lieu était colossal, et baigné d'une étrange lumière rouge marbré. Un peu comme la lumière à l'intérieur d'une belle opale verte piquetée d'or.

« L'escalier en spirale plongeait sous mes pieds. Je descendis, jusqu'à la dernière marche. Très loin, devant moi, se dressait un grand autel à colonnes gravées d'une masse de tentacules, comme des pieuvres ivres et monstrueuses, et leur socle était des bêtes informes, horribles, en pierre cramoisie. Le devant de l'autel était formé par un gigantesque monolithe violet, entièrement gravé.

« Je ne puis décrire ces images ! Aucun être humain ne le pourrait... L'œil humain ne peut les discerner pas plus qu'il ne discerne les formes qui hantent la quatrième dimension. Seule une espèce de sixième sens subtil me permettait de les comprendre très vaguement. C'était des images abstraites, informes, qui s'imprimaient cependant dans l'esprit comme des sceaux brûlants, des idées de haine, de combat entre des monstres innommables, des victoires dans un enfer nébuleux de jungles moites et obscènes, des aspirations et des idéaux épouvantables et odieux...

« Et comme j'étais là, j'eus conscience d'une chose qui se trouvait derrière la pierre d'autel, tout en haut et cachée par le rebord haut de quinze mètres ou plus. Je savais que la chose était là, je la sentais dans tout mon être. Quelque chose d'infiniment maléfique, infiniment horrible, infiniment ancien. Elle guettait, elle m'épiait, elle me menaçait et... elle était invisible !

« Derrière moi, il y avait un cercle de lumière bleue. Un instinct me pressait de faire demi-tour, de courir vers l'escalier, de m'enfuir. C'était impossible. La terreur émanant de cette chose invisible derrière l'autel finit quand même par me pousser comme un vent violent. Je franchis le cercle. Je me trouvai dans un passage qui s'étendait à l'infini, entre des rangées de cylindres gravés.

« Ici et là se dressaient les arbres rouges. Entre eux déferlaient ces masses de pierres. Et maintenant je pouvais distinguer leur incroyable décor. On aurait dit des troncs d'arbres lisses, abattus et recouverts de lianes et d'orchidées fantastiques. Oui, ces cylindres étaient cela, et plus encore. Ils auraient dû disparaître avec les dinosaures. Ils étaient... monstrueux ! Ils frappaient le regard comme un coup de poing, ils vrillaient les nerfs comme un instrument d'acier. Et nulle part on ne voyait ni n'entendait une présence vivante.

« Il y avait des ouvertures circulaires dans les cylindres, comme la porte du temple où passait l'escalier par lequel je m'étais enfui. Je me hasardai à entrer dans l'un d'eux. Il y avait là une immense salle nue, voûtée, dont les parois incurvées se rejoignaient à demi à dix mètres au-dessus de ma tête, ne laissant qu'une ouverture donnant dans une autre salle voûtée située au-dessus. Je ne vis rien dans cette pièce, à part la même lumière rougeâtre qui régnait dans le temple.

« Je trébuchai. Je ne voyais toujours rien mais... mon cœur s'arrêta de battre et mes cheveux se hérissèrent ! Il y avait quelque chose sur le sol, qui m'avait fait trébucher !

« Je me baissai, et ma main effleura un... une chose, lisse et froide, qui s'agita légèrement. Je fis demi-tour et m'enfuis en courant. J'avais la nausée, j'étais fou, je ne réfléchissais plus, je courais, aveuglément, en me tordant les mains et en sanglotant d'horreur...

« Quand je me ressaisis j'étais encore parmi les cylindres de pierre, sous les arbres rouges. Je tentai de revenir sur mes pas, de retrouver le temple. J'avais dépassé le stade de la peur. J'étais comme une âme affrontant pour la première fois les terreurs de l'enfer. Mais impossible de retrouver le temple ! Et la brume commençait à épaissir et à scintiller, les cylindres devenaient plus lumineux. Soudain, je compris que c'était le crépuscule, dans mon propre monde là-haut, et que l'épaississement de la brume annonçait le réveil des choses qui vivaient au fond de l'abîme.

« J'escaladai une des pyramides de cylindres. Je me cachai derrière un cauchemar de pierres tarabiscotées en me disant que, peut-être, j'aurais une chance d'y rester tapi jusqu'à ce que le bleu s'éclaircisse, que le péril passe, et qu'alors je pourrais m'échapper. Un murmure commença à monter autour de moi. Il était partout, il envahissait tout, il monta de plus en plus et devint une espèce de chuchotement général. Je risquai un œil, au coin de la pierre, pour regarder dans la rue.

« Je vis des lumières passer et repasser. Des lumières de plus en plus nombreuses, qui flottaient hors des portes circulaires, et qui envahissaient les rues. Les plus hautes planaient à plus de deux mètres du pavé, les plus basses à moins d'un mètre. Elles se hâtaient, elles se promenaient, elles se saluaient, elles s'arrêtaient, et elles chuchotaient et sous elles il n'y avait rien !

— Rien ? s'exclama Anderson.

— Non. C'était le plus terrible. Il n'y avait rien sous les lumières. Cependant, manifestement, elles étaient des choses vivantes. Elles possédaient une conscience, une volonté... et je ne saurais dire quoi encore. Les plus importantes avaient environ soixante centimètres de diamètre. Leur centre était comme un noyau très brillant, rouge, bleu, vert. Ce noyau diffusait la lumière qui se fondait dans une espèce de halo lumineux qui ne cessait pas brusquement, mais semblait se disperser dans le néant... mais un néant qui était posé sur quelque chose...

« J'écarquillais les yeux, pour essayer de voir le corps d'où ces lumières émanaient, et que l'on ne pouvait que sentir, sans le voir.

« Soudain, je sursautai. Quelque chose de froid et de mince comme une lanière de fouet m'avait effleuré la figure. Je tournai la tête. Juste derrière moi, il y avait trois de ces lumières. Elles étaient d'un bleu très pâle. Elles me regardaient, si l'on peut imaginer que des lumières soient des yeux.

« Un autre coup de fouet m'atteignit à l'épaule. Sous la plus proche des lumières un chuchotement aigu jaillit. Je hurlai. Soudain, le murmure de la rue se tut.

« J'arrachai mon regard du globe bleu pâle qui me considérait et me penchai ; dans toutes les rues les lumières s'élevaient par myriades, à la hauteur de l'endroit où je me trouvais ! Là, elles s'arrêtèrent et planèrent et m'examinèrent. Elles se bousculaient comme une foule de badauds à Broadway.

« C'était horrible. Je sentis une nouvelle grêle de coups de fouet et poussai un cri aigu. Et puis je sombrai dans le néant, dans l'obscurité, avec l'impression de plonger dans un nouvel abîme.

« Quand je repris connaissance, j'étais de nouveau dans la grande salle où aboutissait l'escalier, couché au pied de l'autel. Tout était silencieux. Il n'y avait plus de lumières, rien que la lueur rouge marbré.

« Je me levai d'un bond pour courir vers l'escalier mais quelque chose me retint brutalement et je tombai à genoux. Je m'aperçus alors que je portais à la taille un grand anneau de métal. Une chaîne y était fixée, qui disparaissait par-dessus le rebord de l'autel.

« Je fouillai mes poches, pour trouver mon couteau et scier l'anneau. Je ne l'avais plus. J'avais été dépouillé de tout ce que je possédais, à part un de mes bidons d'eau que je portais, accroché au cou, et qu'ils avaient dû prendre pour une partie de mon anatomie.

« J'essayai de briser l'anneau. Il semblait vivant, et se tordait dans mes mains et m'enserrait plus étroitement !

« Je tirai sur la chaîne. Elle résista. Je me rappelai alors la chose invisible au-dessus de l'autel et la terreur me reprit. Je tombai à genoux, je me vautrai en proie à une folie abjecte au pied de la gigantesque pierre. Pensez un peu... seul dans ce lieu à l'éclairage étrange, avec cette horreur qui me dominait, une Chose monstrueuse, une Chose dépassant l'entendement, une Chose invisible de laquelle émanait l'horreur...

« Finalement, je me ressaisis. Je vis alors près de moi, contre un des piliers, un bol jaune rempli d'un épais liquide blanc. Je le bus. Si c'était un poison mortel, je m'en moquais. Mais le goût était agréable et, tandis que je buvais, je sentis mes forces revenir. De toute évidence, on ne voulait pas me faire mourir de faim. Les êtres de l'abîme, quels qu'ils fussent, avaient une certaine idée des besoins humains.

« Une fois de plus, la lueur rougeâtre marbré s'assombrit. De nouveau, le murmure s'éleva au-dehors et, par le cercle constituant l'entrée du temple, des globes lumineux arrivèrent en foule. Ils s'alignèrent contre les murs, en rangs serrés, jusqu'à ce que le temple soit rempli. Leur chuchotement changea de rythme, devint une espèce de cantique aux accents palpitants, et les lumières s'élevaient et redescendaient en mesure.

« Toute la nuit, les lumières vinrent et repartirent ; et toute la nuit le chant psalmodié se poursuivit. Je n'étais plus qu'un atome de conscience dans cet océan de murmures, un atome qui s'élevait et redescendait en même temps que les globes.

« Mon cœur lui-même battait en cadence ! À l'unisson ! Finalement, la lueur rouge s'atténua, les lumières sortirent, le chuchotement cessa. Je me retrouvai seul, devinant que, encore une fois, le jour s'était levé dans mon propre univers.

« Je dormis. À mon réveil, je vis à côté du pilier un autre bol de liquide blanc. J'examinai la chaîne qui m'attachait à l'autel. Je pris deux des maillons et les frottai l'un contre l'autre. Je m'acharnai pendant des heures. Quand la lueur rouge s'assombrit, j'avais entamé l'épaisseur des maillons. L'espoir me fit battre le cœur. J'avais peut-être une chance de m'enfuir !

« Des globes lumineux envahirent de nouveau le temple. Toute cette nuit-là, le chuchotement rythmé persista, et les globes s'élevèrent et retombèrent. Je me sentis saisi par la cadence qui palpitait en moi et faisait frémir tous mes sens, mes nerfs, mes muscles. Mes lèvres se mirent à trembler. Elles s'écartèrent, ma gorge se tendit comme un homme qui cherche à hurler dans un cauchemar. Et finalement je chuchotai aussi, je psalmodiai tout bas le cantique maléfique du peuple de l'abîme. Et mon corps s'inclinait en cadence, avec les lumières.

« Par le mouvement, par le son, j'étais – que Dieu me pardonne ! – à l'unisson de ces créatures sans nom ; mon âme était pétrifiée d'horreur, mais impuissante. Et, tandis que je murmurais, je les *vis* !

« Je vis les choses, sous les lumières. De grands corps transparents de limaces, avec des dizaines de tentacules qui s'agitaient mollement, de petites bouches rondes juste au-dessous des globes lumineux qui voyaient ! On croyait voir des spectres de sangsues monstrueuses ! Et, comme je les contemplais, tout en m'inclinant et me relevant et murmurant, le jour vint, et toutes les lumières s'en allèrent. Elles ne rampaient pas, elles ne marchaient pas, elles flottaient !

« Je ne dormis pas. Toute cette journée, je travaillai à ma chaîne. Quand le rouge s'assombrit, j'avais usé un sixième du maillon. Et toute la nuit, envoûté, je chuchotai et m'inclinai avec les êtres de l'abîme, chantant avec eux des psaumes à la chose invisible tapie au-dessus de moi !

« Deux fois encore le rouge s'épaissit et s'éclaircit, et les chants me retinrent captif. Et puis, au matin du cinquième jour, je brisai les maillons usés. J'étais libre ! Je courus vers l'escalier. Les yeux fermés, je passai en hâte près de l'horreur inconnue cachée par le rebord de l'autel et bientôt je me trouvai sur le pont. Je le franchis rapidement et commençai l'ascension de l'immense escalier.

« Pouvez-vous imaginer ce que c'est, de grimper tout droit le long de la paroi d'un monde inconnu, avec l'enfer sur vos talons ? Pire que l'enfer ! Et la terreur me talonnait.

« La ville de l'abîme avait disparu depuis longtemps dans la brume bleue avant que je sache qu'il m'était impossible d'aller plus loin. Mon cœur tambourinait à grands coups, mes tempes palpitaient. Je tombai devant une des petites grottes, en me disant que, enfin, j'avais là un asile. Je rampai jusque dans le fond et attendis que la brume s'épaississe. Presque aussitôt, tout en bas, je perçus un immense murmure rageur. Accroupi au fond de la grotte, je vis un grand faisceau lumineux jaillir de la brume bleue et exploser comme une fusée de feu d'artifice, lâchant des myriades de globes, qui sont les yeux des êtres de l'abîme. Lentement, ils planèrent et replongèrent vers le fond du gouffre. De nouveau, la lumière jaillit et les globes s'élevèrent dans le faisceau et retombèrent. Et cela se répéta.

« Ils me cherchaient ! Ils savaient que je devais être encore sur l'escalier, ou, si je me cachais encore au fond, que je devrais l'escalader pour m'enfuir. Le murmure devint plus fort, plus insistant.

« J'éprouvai alors le désir intense de me joindre à ce chuchotement, comme je l'avais fait dans le temple. Quelque chose me disait que, si je cédais, les figurines sculptées ne pourraient plus me protéger, que je sortirais de mon abri et redescendrais dans le temple, pour toujours ! Je me mordis les lèvres jusqu'au sang pour me forcer à me taire, et durant toute la nuit le rayon lumineux jaillit de l'abîme, les globes se balancèrent, et le murmure retentit... et j'adressai des prières aux puissances des grottes et aux silhouettes gravées qui avaient le pouvoir de les garder.

Il se tut, à bout de forces, et reprit enfin d'une voix lasse :

— Je me demandais qui pouvaient être les êtres qui les avaient gravées. Et pourquoi ils avaient bâti leur ville là-haut, autour du rebord de l'abîme, et pourquoi ils avaient construit cet escalier. Qu'avaient-ils été, par rapport aux choses qui vivaient dans le fond, et en quoi avaient-ils pu avoir besoin de ces choses, pour avoir construit leurs habitations près d'elles ? Il devait y avoir une raison, j'en étais certain, sans quoi un travail aussi prodigieux que cet escalier n'aurait pas été entrepris. Mais quelle pouvait être cette raison ? Et comment se faisait-il que ceux qui avaient vécu autour de l'abîme eussent disparu depuis des millénaires, alors que les habitants du gouffre avaient survécu ?

Il soupira et nous regarda.

— Je n'ai pas trouvé de réponse à ces questions. Je me demande même si je connaîtrai la solution avant de mourir. J'en doute... Le jour se leva alors et je m'abîmai dans les hypothèses et avec lui vint le silence. Je bus ce qui restait dans mon bidon, me traînai hors de la grotte et repris mon ascension. Cet après-midi-là mes jambes déclarèrent forfait. Je déchirai ma chemise et en fis des manchons protecteurs, pour mes genoux et mes mains. Je repartis à quatre pattes. Je montai ainsi ; en me traînant, en rampant, de plus en plus haut. Et dès que le ciel s'assombrit, que la brume s'épaissit, je me réfugiai au fond d'une grotte tandis que le faisceau lumineux jaillissait et que le murmure reprenait.

« Mais, à présent, le chuchotement avait changé de ton. Il n'était plus menaçant. Il m'appelait, me suppliait... Il m'attirait !

« Je fus saisi de terreur. J'étais pris d'un désir insensé de quitter la grotte et de sortir, là où les lumières se balançaient, pour qu'elles fissent de moi ce qu'elles voulaient, pour me laisser emporter à leur gré. Le désir s'accrut. À chaque montée du faisceau il me tenaillait davantage, jusqu'à ce qu'à la fin je me misse à vibrer, comme j'avais vibré au rythme du cantique dans le temple.

« Mon corps était un pendule. Le faisceau s'élevait et j'étais attiré vers lui ! Seule mon âme restait ferme. Elle me retenait sur le sol de la grotte, elle plaçait une main sur mes lèvres pour les faire taire. Et, toute cette nuit-là, je luttai avec mon corps et mes lèvres contre l'envoûtement du peuple de l'abîme.

« Le jour vint. Encore une fois, je sortis en rampant de la grotte et levai les yeux vers les marches. J'étais incapable de me relever. Mes mains étaient en sang, mes genoux atrocement douloureux. Je fis un effort de volonté et me traînai de marche en marche.

« Au bout d'un moment mes mains s'engourdirent. Je ne sentis plus mes genoux. Pas à pas, marche après marche, ma volonté poussait mon corps vers le haut. Et d'instant en instant je perdais conscience, et quand je me réveillais je m'apercevais que je n'avais pas cessé de grimper.

« Enfin – après un cauchemar durant lequel je me traînai inlassablement sur des marches sans fin, avec des souvenirs d'horreur engourdie au fond de diverses grottes, de milliers de lumières palpitant au-dehors, de chuchotements qui m'appelaient et me séduisaient –, je repris un instant connaissance en m'apercevant que mon corps obéissait à l'appel et m'avait entraîné presque hors de portée des gardiens du portail, tandis que des milliers de globes lumineux se balançaient dans la brume bleue et m'observaient. Tout se brouille ensuite, il y a de vagues souvenirs de luttes contre le sommeil et, toujours, l'inexorable montée sur ces marches sans fin menant d'un Abaddon perdu à un paradis de ciel bleu et de monde vivant !

« Finalement, j'eus conscience d'un ciel clair au-dessus de ma tête, je vis le bord de l'abîme devant mes yeux. Je ne me souviens pas comment j'ai franchi l'immense portail vert de l'abîme, comment je m'en suis écarté. Des rêves d'hommes géants avec d'étranges couronnes à visière et des visages voilés qui me poussaient en avant, toujours plus loin, et qui repoussaient des globules de lumière frémissante qui cherchaient à m'attirer de nouveau dans un gouffre où les planètes nageaient entre les branches des arbres rouges couronnés de serpents.

« Ce fut ensuite le sommeil, un long, très long sommeil qui dura Dieu seul sait combien d'heures ou de jours, dans une crevasse de rocher ; un réveil pour voir très loin au nord le faisceau lumineux qui jaillissait et retombait encore, les lumières qui me cherchaient, le murmure qui m'appelait... et la certitude d'avoir échappé à leur pouvoir de séduction.

« Rampant de nouveau sur des bras et des genoux morts qui avançaient sans que je fasse un effort de volonté... Et puis... votre feu... et cette sécurité...

L'homme rampant nous sourit un instant, puis il s'endormit comme une masse.

Dans l'après-midi, nous levâmes le camp et, portant l'homme endormi, nous repartîmes vers le sud. Pendant trois jours nous le portâmes, et il ne se réveilla pas. Et le troisième jour, dans son sommeil, il mourut. Nous échafaudâmes un grand tas de bois et nous brûlâmes son corps, comme il nous l'avait demandé. Nous dispersâmes ses cendres dans la forêt, avec celles des arbres qui l'avaient consumé.

Il faudrait une bien grande magie, certes, pour rassembler ces cendres, et les précipiter en un nuage vers le gouffre qu'il disait être maudit. Je ne pense pas que le peuple de l'abîme ait un tel pouvoir. Non.

Mais Anderson et moi ne retournâmes jamais vers les cinq sommets pour nous en assurer. Et si l'or ruisselle en vérité entre les cinq pics de la Montagne de la Main, comme de l'argile d'un poing fermé, il peut y rester éternellement.

1918

Howard P. LOVECRAFT

Dagon

Howard Phillips Lovecraft (1890-1937) est né à Providence où il fut élevé par sa mère. Il sut lire dès l'âge de quatre ans et commença à s'intéresser aux sciences à huit. Pourtant, sa santé était fragile, et ses relations humaines avec les enfants de son âge difficiles. H.P.L. passa la majeure partie de son existence dans sa ville natale où il vécut chichement non de la rédaction de son œuvre, mais de travaux de réécriture effectués pour des auteurs moins doués que lui (en particulier le célèbre magicien Houdini). Souvent, il jetait le manuscrit qu'on lui avait fait parvenir et écrivait un récit entièrement original.

Il entretint une immense correspondance avec de nombreux auteurs. Il envoyait parfois des dizaines de lettres par jour, pouvant aller jusqu'à trente ou quarante feuillets, et il devait souvent, par manque de temps et d'argent, se priver de repas pour acheter des timbres. Ses deux principaux correspondants furent Klarkash-Ton (Clark Ashton Smith) et Two-Gun Bob (Robert E. Howard), tandis que lui-même se nommait E'ch-Pi-El, prononciation phonétique des initiales de son nom.

Les témoignages des personnes qui ont connu Lovecraft le décrivent comme un homme introverti, mal adapté à son époque et plein de contradictions. Ainsi il était antisémite et détestait le cosmopolitisme. Pourtant, à la mort de sa mère, il épousa une juive qui l'entraîna à New York, où il crut rapidement devenir fou une fois mis en présence des « alien hordes », des hordes étrangères qui l'entouraient. Finalement il rentra à Providence et suggéra à sa femme de continuer leur mariage par correspondance ! Politiquement, il se déclara « an unreserved fascist », fasciste sans réserve, mais, en même temps, il approuva la politique new deal *de Roosevelt et se prétendit parfois socialiste.*

Qu'importent les étrangetés de l'homme, son influence littéraire fut et reste considérable. Il est le créateur du mythe de Cthulhu qui a été poursuivi par des dizaines d'auteurs de toutes les parties du monde. Surtout, avec ses Grands Anciens, il a jeté une passerelle solide entre la weird fantasy *et la science-fiction. Ses démons ne sont nullement des créatures infernales mais des extraterrestres prisonniers de notre continuum spatio-temporel. Ses dieux ne sont pas des entités immatérielles mais des êtres d'outre-espace qui vécurent sur Terre longtemps avant l'apparition de l'homme. Enfin Lovecraft nous a laissé une douzaine de textes admirables qui en font un des plus grands écrivains de l'imaginaire du* XX*e siècle.*

C'est dans un état bien particulier que j'écris ces mots, puisque cette nuit je ne serai plus.

Je me trouve sans le sou, au terme de mon supplice de drogué qui ne supporte plus la vie sans sa dose, et je ne puis endurer plus longtemps ma torture.

Je vais sauter par la fenêtre, me jeter dans cette rue sordide. Il ne faudrait pourtant pas croire que la morphine, dont je suis l'esclave, ait fait de moi un être faible ou dégénéré.

Lorsque vous aurez lu ces quelques pages hâtivement griffonnées, vous ne vous étonnerez pas – encore que vous ne puissiez jamais le comprendre parfaitement – que je me trouve devant cette unique alternative : l'oubli ou la mort.

Cela se passa dans l'une des régions les plus désertes du vaste Pacifique. J'étais le subrécargue d'un paquebot qui tomba sous les assauts d'un destroyer allemand. La Grande Guerre en était à ses tout premiers débuts et les forces navales ennemies n'étaient pas arrivées au stade ultime de leur dégradation. Par conséquent, notre vaisseau constituait encore une proie de choix, et son équipage fut traité avec toute la considération qui lui était due. Nos geôliers se montrèrent même tellement libéraux que, cinq jours à peine après notre capture, je trouvai le moyen de m'enfuir seul sur un petit bateau, avec de l'eau et une provision de vivres suffisante pour subsister assez longtemps.

Lorsque je fus assez loin du bateau ennemi pour me sentir absolument libre, je m'aperçus que je n'avais pas la moindre idée de l'endroit où je me trouvais. Je n'ai jamais été un bon marin. Je pus constater toutefois, d'après la position du soleil, et plus tard des étoiles, que j'étais quelque part au sud de l'Équateur. Mais j'ignorais tout de la situation de ces lieux, et il n'y avait en vue aucune côte, aucune île pour m'en donner la moindre indication. Le temps était au beau fixe, et, durant des jours et des jours, je voguai sans but sous un soleil de plomb, dans l'attente de voir passer un navire à l'horizon, ou de rejoindre les côtes d'une terre habitable. En vain : nulle terre hospitalière, nul bateau ne se montra. Dans ma solitude, je commençai à désespérer devant l'infini de cette vastitude d'azur.

Le changement advint tandis que je dormais. Comment se produisit-il ? Je n'en sais rien. Mon sommeil, bien que troublé, agité de rêves multiples, avait été très lourd.

Lorsque enfin je m'éveillai, ce fut pour découvrir que mon corps avait été, comme par un étrange phénomène de succion, à demi happé par une sorte de boue d'un noir d'encre, qui s'étalait autour de moi en ondulations monotones à perte de vue, et dans laquelle, non loin de moi, mon bateau était allé s'échouer.

J'aurais pu tout d'abord, en découvrant une scène aussi prodigieuse, aussi surprenante, rester frappé de stupeur et d'étonnement. En fait, je fus saisi d'une immense panique. Car il y avait dans l'air, et sur le sol jonché de pourriture, un je-ne-sais-quoi de sinistre, qui me glaça d'effroi. Des carcasses de poissons morts, une foule d'objets indescriptibles, qui affleuraient en protubérances à la surface de cette étendue de fange, rendaient la région entièrement putride.

Jamais je ne pourrai décrire telle que je la vis cette hideur innommable qui baignait dans le silence absolu d'une immensité nue. Il n'y avait là rien à écouter, rien à voir, sauf un vaste territoire de vase.

La peur que fit naître en moi ce paysage uniforme et muet m'oppressa tant que j'en eus la nausée.

Le soleil étincelait du haut d'un ciel sans nuages qui me sembla presque noir, comme s'il eût reflété lui-même le marais d'encre qui était sous mes pieds. Comme je rampais pour rejoindre mon bateau, je me rendis compte qu'il n'y avait à ma situation qu'une seule explication : lors d'une éruption volcanique, une partie des grands fonds océaniques avait dû émerger, ramenant ainsi en surface des régions qui, depuis des millions d'années, étaient restées cachées sous d'insondables profondeurs aquatiques. Cette nouvelle terre était tellement immense que, même en tendant l'oreille, je ne percevais aucune houle marine. Aucun oiseau de mer non plus ne venait se poser sur ces choses mortes.

Plusieurs heures durant, je restai assis à réfléchir dans mon bateau qui, couché sur le côté, me protégeait légèrement du soleil. À mesure que le jour avançait, le sol se fit moins humide. Il semblait sécher et durcir, et je pensai que, sous peu, j'allais pouvoir m'y aventurer. Cette nuit-là, je dormis à peine.

Le lendemain, je préparai un paquetage de vivres et d'eau, en vue d'un voyage à travers ces terres, à la recherche de la mer évanouie et dans l'espoir d'une délivrance.

Le troisième matin, je sentis que le sol était suffisamment sec pour que j'y puisse marcher sans difficulté. L'odeur des cadavres de poissons était pestilentielle. Mais j'étais si préoccupé de mon propre salut qu'elle ne me gêna pas outre mesure. Rassemblant tout mon courage, je partis pour une destination inconnue.

Tout au long du jour, je me dirigeai vers l'ouest, en direction d'un monticule qui se détachait à l'horizon de ce désert. Je campai à même le sol cette nuit-là, et, le lendemain, je poursuivis mon chemin vers le but que je m'étais choisi, bien que celui-ci me parût à peine plus proche que le premier jour.

Le quatrième soir j'atteignis le pied de la colline, qui se révéla plus haute qu'elle ne m'était apparue dans le lointain. Trop fatigué pour en faire l'ascension, je décidai de dormir à l'ombre de ses flancs.

Je ne sais pas pourquoi mes rêves furent si délirants cette nuit-là. Mais avant même que la lune blême et gibbeuse ne s'élevât au-dessus de la plaine orientale, je me réveillai couvert d'une sueur glacée, et je décidai de ne plus fermer l'œil. Des visions comme celles qui s'étaient imposées à mes yeux étaient trop horribles pour que je pusse les supporter une fois de plus. Dans le rougeoiement de la lune, je constatai pourtant combien j'avais été imprudent d'entreprendre ce voyage en plein jour. Il m'aurait coûté moins d'énergie d'accomplir cette expédition lorsque le soleil aveuglant et brûlant était absent de l'horizon. Pourtant, je me sentais maintenant la force de faire l'ascension qui la veille, au crépuscule, m'avait semblé irréalisable. Après avoir ramassé mon bagage, je me dirigeai vers la crête.

J'ai déjà dit que la monotonie de la plaine était pour moi la source d'une horreur diffuse. Mais je pense que cette horreur devint plus forte lorsque j'atteignis le sommet et que j'aperçus en contrebas sur l'autre versant des gorges si profondes que la lune – qui n'avait pas encore atteint son apogée – ne pouvait en éclairer tous les sombres replis. Je me sentis au sommet du monde. Penché sur le chaos insondable d'une éternelle nuit. Je me souvins du *Paradis perdu*. Et une satanique laideur monta des étranges royaumes des ténèbres.

À mesure que la lune s'élevait dans le ciel, je commençai à voir que les bords de la vallée n'étaient pas aussi abrupts que je l'avais pensé. Au contraire, après une forte pente de quelque cent pieds, la déclivité se faisait progressive, ce qui permettait une descente relativement aisée. Pressé par je ne sais quelle impulsion, je dévalai la côte. C'est alors que je me trouvai devant des profondeurs stygiennes où la lumière n'avait jamais pénétré.

Soudain mon attention fut attirée par un objet immense et singulier qui se dressait sur la pente opposée, à cent mètres de moi. Un objet blanc qui brillait sous les rayons de la lune. Il s'agissait tout simplement d'un gigantesque bloc de pierre. Mais je sentis qu'il n'était pas une œuvre de la Nature. Comme je l'observais avec plus d'attention, d'étranges sensations s'emparèrent de moi.

Il était énorme et, depuis la genèse, il avait reposé dans un abîme au fond des mers. En dépit de tout cela, je sus immédiatement que cet étrange bloc était un monolithe, aux belles proportions, et dont la masse assurément avait été travaillée par l'homme, et peut-être même vénérée par d'autres créatures vivantes douées de la faculté de penser.

Stupéfait et effrayé à la fois, mais aussi, je l'avoue, non sans éprouver ce fameux frisson qui chez le savant ou l'archéologue est l'expression du plaisir de la découverte, j'examinai les alentours avec plus de soin. La lune, maintenant proche du zénith, brillait d'une lueur étrange et crue au-dessus des flancs de la vallée qui dominaient la crevasse. Je m'aperçus qu'un flot puissant dévalait les pentes du gouffre. L'eau commençait déjà à me mouiller les pieds. Autour de moi, des vaguelettes léchaient la base du monolithe cyclopéen, à la surface duquel je pus alors distinguer des inscriptions hiéroglyphiques et des bas-reliefs. Je n'avais jamais vu dans mes livres une écriture semblable à celle-ci, qui se composait de symboles aquatiques : poissons, crustacés, pieuvres, mollusques, baleines, et autres habitants de l'océan. De nombreux idéogrammes représentaient de toute évidence des objets marins inconnus de notre monde, mais que j'avais vus en décomposition au cours de mon étrange équipée sur le grand océan fangeux.

Cependant ce furent les bas-reliefs qui me terrorisèrent. Ils étaient parfaitement visibles, car ils s'élevaient bien au-dessus de la nappe d'eau envahissante. Doré les aurait contemplés avec passion. Je pense en effet que ces sculptures voulaient représenter des hommes – ou tout au moins une certaine catégorie d'hommes. Ils jouaient comme des poissons dans des grottes sous-marines, ou bien rendaient hommage à quelque sanctuaire monolithique qui, lui aussi, reposait au fond des eaux... Je n'ose pas les décrire en détail, car il me suffit d'évoquer leur image pour défaillir. Plus horrible encore que les personnages qui hantaient l'imagination délirante d'un Poe ou d'un Bulwer, ils avaient une allure odieusement humaine, malgré leurs pieds palmés, leurs mains molles, leurs lèvres énormes, leurs yeux gonflés, et d'autres traits encore plus déplaisants. Ces créatures semblaient avoir été sculptées sans souci des proportions : la baleine qui, sur le bas-relief, succombait, victime de l'une de ces créatures, était à peine plus grande que son agresseur. Je décidai que ces personnages grotesques ne pouvaient être que les dieux imaginaires de quelque tribu de pêcheurs ou de marins, engloutie avant même que naquît le tout premier ancêtre du Piltdown ou de l'homme de Néanderthal.

Saisi de crainte devant ce spectacle d'un passé si reculé que le plus audacieux des anthropologues n'en pourra jamais concevoir de plus lointain, je demeurai dans cette contemplation, tandis que la lune jetait des reflets bizarres sur le chenal qui s'étalait devant moi.

Soudain, je vis la chose. Dans un léger remous au-dessus des eaux troubles, elle émergea.

D'un aspect répugnant, d'une taille aussi imposante que celle de Polyphème, ce gigantesque monstre de cauchemar s'élança rapidement sur le monolithe, l'étreignit de ses grands bras couverts d'écailles, tandis qu'il inclinait sa tête hideuse en proférant une sorte d'incantation. Je pense que c'est à ce moment précis que je suis devenu fou. De mon escalade frénétique sur la falaise, de ma journée de délire sur le bateau échoué, je me souviens à peine. Je crois que j'ai beaucoup chanté, et ri bizarrement lorsque je ne pouvais plus chanter. J'ai le vague souvenir d'un violent orage qui a dû éclater lorsque j'eus atteint le sommet de la falaise. Je suis sûr, en tout cas, d'avoir entendu le tonnerre et d'autres bruits comparables que la Nature émet lorsqu'elle est déchaînée.

Quand je suis sorti des ténèbres, je me trouvais dans un hôpital de San Francisco, où m'avait déposé le capitaine d'un bateau américain qui m'avait recueilli en plein océan. J'avais longtemps déliré mais on semblait avoir fait peu de cas de mes récits. Mes sauveteurs n'avaient entendu parler d'aucun tremblement de terre dans le Pacifique, et je n'ai guère insisté : à quoi bon leur parler d'une chose qu'ils ne pourraient croire ?

Un jour, j'ai rencontré un célèbre ethnologue que mes questions sur l'antique légende philistine du *Dagon*, le Dieu-poisson, amusèrent. Mais je m'aperçus bientôt que ce savant était désespérément conventionnel, et j'arrêtai là mon enquête.

C'est la nuit, quand la lune gibbeuse décline, que je vois la chose. J'ai bien essayé la morphine. Mais la drogue n'a amené qu'un léger sursis, et de plus elle a fait de moi son esclave. Aussi, maintenant que j'ai achevé d'écrire ce qui informera ou fera rire mes contemporains, je vais en finir. Souvent je me suis demandé si tout cela, au fond, n'était pas un simple phantasme – le résultat d'un accès de fièvre, qui m'aurait saisi juste après mon évasion du vaisseau allemand. J'ai beau mettre en doute ces horribles souvenirs, cette vision hideuse me poursuit sans trêve. Je ne peux songer à la haute mer sans revoir, en frémissant, ces êtres sans nom qui nagent et pataugent dans leur lit de vase, adorant leurs vieilles idoles de pierre, gravant leur propre image sur des obélisques de granit immergé. Mon rêve étrange se poursuit et je vois le jour où ils s'élèveront au-dessus des flots pour engloutir l'humanité affaiblie par les guerres. Ce jour-là, les terres s'enfonceront, et le fond des sombres océans se dressera au-dessus des eaux pour envahir l'univers.

La fin est toute proche. J'entends un bruit à ma porte. Comme si un gigantesque corps rampant s'était glissé jusque chez moi. Il ne me trouvera pas. Mon Dieu ! *cette main !* La fenêtre ! la fenêtre !

1923

Frank BELKNAP LONG

Les chiens de Tindalos

Le présent texte frappa les lecteurs français lors de sa première publication par l'équipe de la revue Planète *au début des années 1960. On vit dans son auteur un nouveau Lovecraft. En fait, dès 1918, Long (1903 -) était devenu membre d'une association d'écrivains amateurs qui venait de publier les premiers textes de Lovecraft. En 1921 il fut accepté au Kalem Club en compagnie de H.P.L., Clark Ashton Smith, ou encore Donald Wandrei, autrement dit tous les auteurs qui allaient donner naissance au mouvement de* weird fantasy. *Il n'est donc pas étonnant qu'on retrouve une inspiration commune chez Long et Lovecraft.*

Au début de sa carrière, Frank Belknap Long écrivit surtout des poèmes qui furent plus tard réunis en deux recueils. Puis Lovecraft recommanda le jeune homme avec lequel il s'était lié d'amitié à la rédaction de Weird Tales *et les premiers textes de Long parurent dans la revue dès 1924. Cette amitié ne se démentit pas jusqu'à la mort de H.P.L., et son influence est nette dans l'œuvre de F.B. Long des années 1925-1940 ; toutefois, si l'atmosphère est proche, la volonté de donner un tour plus nettement S-F à ses récits est nette chez le jeune écrivain.*

En 1935 le célèbre fanzine Fantasy Magazine *demanda à deux groupes de cinq auteurs d'écrire deux nouvelles sur un thème commun imposé, l'une axée* fantasy, *l'autre S-F, intitulées l'une et l'autre* Le défi de l'au-delà. *On ne s'étonnera pas de voir Long figurer dans l'équipe de Merritt, Lovecraft, C.L. Moore et Robert Howard. Leur récit est de loin le meilleur.*

Après la guerre F.B. Long se tourna résolument vers la science-fiction populaire et connut le succès avec une série intitulée John Carstairs, détective de l'espace. *Puis il rédigea de nombreux* space opera *et resta un auteur actif et prolifique jusqu'au début des années 1980. Force est de reconnaître que ses dernières publications n'ajoutèrent rien à sa gloire. En revanche il est l'auteur d'une longue étude sur H.P. Lovecraft, parue en 1975, qui abonde en détails intéressants et peu connus.*

1

— Je suis heureux que vous soyez venu, dit Chalmers.

Il était assis près de la fenêtre, le visage très pâle. Deux hautes bougies vacillaient à côté de lui, projetant une lumière ambrée sur son long nez et son menton légèrement fuyant. Chalmers n'avait rien de moderne chez lui. Il avait l'âme d'un ascète médiéval et il préférait les manuscrits enluminés aux voitures automobiles, les gargouilles de pierre ricanantes aux radios et aux machines à calculer.

En traversant la pièce pour aller m'asseoir sur le divan, je jetai un coup d'œil à son bureau et fus surpris de découvrir qu'il était en train d'étudier les formules mathématiques d'un célèbre physicien contemporain et qu'il avait couvert de nombreux feuillets de curieuses figures géométriques.

— Einstein et John Dee forment une bien singulière paire de compagnons, remarquai-je, tandis que mon regard se déplaçait des tableaux mathématiques vers la soixantaine d'ouvrages composant son étrange petite bibliothèque.

Plotin et Emmanuel Moscopulus, saint Thomas d'Aquin et Frenicle de Bessy voisinaient sur les sombres étagères d'ébène, et les fauteuils, la table, le bureau étaient jonchés de brochures et de pamphlets sur la sorcellerie du Moyen Âge, la magie noire, les envoûtements et toutes ces choses passionnantes que le monde moderne a répudiées.

Chalmers me sourit en m'offrant une cigarette russe sur un plateau bizarrement gravé.

— Nous découvrons aujourd'hui, me dit-il, que les anciens alchimistes et les sorciers avaient aux deux tiers raison, et que vos matérialistes et vos biologistes d'aujourd'hui se trompent neuf fois sur dix.

— Vous avez toujours méprisé la science moderne, répliquai-je avec une certaine irritation.

— Uniquement le dogmatisme scientifique, rectifia-t-il. J'ai toujours été un rebelle, un ardent défenseur de l'originalité et des causes perdues ; c'est pourquoi j'ai choisi de répudier les conclusions des biologistes contemporains.

— Et Einstein ? demandai-je.

— Un grand prêtre de la mathématique transcendantale ! murmura-t-il respectueusement. Un profond mystique et un explorateur du grand *soupçonné* !

— Donc, vous ne méprisez pas totalement la science.

— Bien sûr que non ! Mais, simplement, je me méfie du positivisme scientifique des cinquante dernières années, le positivisme de Haeckel, de Darwin et de M. Bertrand Russell. Je crois sincèrement que la biologie a pitoyablement échoué et qu'elle est incapable d'expliquer le mystère de l'origine et du destin de l'homme.

— Donnez-leur le temps.

L'œil de Chalmers brilla.

— Mon ami, votre jeu de mots est sublime ! Donnez-leur le *temps*. C'est précisément ce que je voudrais. Mais le biologiste moderne se moque du temps. Il détient la clef mais refuse de s'en servir. Que savons-nous du temps, au fond ? Einstein pense qu'il est relatif, qu'il peut s'interpréter en termes d'espace, d'espace *incurvé*. Mais devons-nous nous en tenir là ? Quand la mathématique nous laisse tomber, ne pouvons-nous pas progresser par... intuition ?

— Vous vous aventurez là en terrain dangereux, répliquai-je. Un risque que le véritable investigateur évite. C'est pourquoi la science moderne a progressé si lentement. Elle n'accepte rien qui ne puisse être démontré. Mais vous...

— Je prendrai du hachisch, de l'opium, toutes sortes de drogues. J'imiterai les sages de l'Orient. Et alors je parviendrai peut-être à saisir...

— Quoi donc ?

— La quatrième dimension.

— Sornettes théosophiques !

— Peut-être. Mais je crois que les drogues exaltent la conscience humaine. William James était de cet avis. Et j'en ai découvert une nouvelle.

— Une nouvelle drogue ?

— Elle était utilisée il y a des siècles par les alchimistes chinois, mais elle est pratiquement inconnue en Occident. Ses propriétés occultes sont stupéfiantes, si j'ose m'exprimer ainsi. Grâce à elle, et à mes propres connaissances mathématiques, je suis à peu près certain de pouvoir remonter le temps.

— Je ne comprends pas.

— Le temps est simplement notre perception imparfaite d'une nouvelle dimension de l'espace. Le temps et le mouvement sont deux illusions. Tout ce qui a existé depuis le commencement du monde existe encore aujourd'hui. Des événements qui se sont déroulés il y a des siècles sur cette planète continuent d'exister dans une autre dimension de l'espace. Des événements qui se produiront dans plusieurs siècles existent déjà aujourd'hui. Nous ne pouvons percevoir leur existence parce que nous sommes incapables de pénétrer la dimension de l'espace qui les contient. Les êtres humains tels que nous les connaissons ne sont que des fractions, des fractions infiniment petites d'un tout immense. Tout être humain est relié à *toute* vie qui l'a précédé sur terre. Tous ses ancêtres font partie de lui. Seul le temps le sépare de ses ascendants, et le temps est une illusion qui n'existe pas.

— Je crois comprendre, murmurai-je.

— Pour mon propos, il suffit que vous ayez une idée si vague soit-elle de ce que je désire accomplir. Je veux arracher de mes yeux le voile de l'illusion que le temps y a jeté, et voir *le commencement et la fin.*

— Et vous pensez que cette nouvelle drogue vous y aidera ?

— J'en suis persuadé. Et je veux que vous m'aidiez. J'ai l'intention de prendre cette drogue immédiatement. Je ne peux plus attendre. Il me faut *voir* ! Je vais retourner en arrière, je vais remonter le temps.

Ses yeux brillaient étrangement. Il se leva et alla à la cheminée. Quand il se retourna, je vis qu'il tenait à la main une petite boîte carrée.

— J'ai là cinq petites pilules de Liso. C'est le nom de cette drogue. Elle était employée par Lao Tse, le grand philosophe chinois, et sous son influence il a vu Tao. Tao est la force la plus mystérieuse du monde, qui entoure et pénètre toutes choses, qui contient l'univers visible et tout ce que nous appelons réalité. Celui qui perce les mystères de Tao voit clairement tout ce qui a été et tout ce qui sera.

— Foutaises, grommelai-je.

— Tao ressemble à un énorme animal, tapi, immobile, contenant dans son corps gigantesque tous les mondes de notre univers, le passé, le présent et l'avenir. Nous voyons des portions de cet immense monstre par une mince ouverture, que nous appelons le temps. Avec l'aide de cette drogue, j'élargirai l'ouverture. Je contemplerai la vie dans son ensemble, toute l'énorme bête tapie en son entier.

— Et qu'est-ce que vous voulez que je fasse ?

— Observez, mon ami. Observez et prenez des notes. Et si je remonte trop loin, vous devrez me rappeler à la réalité. Vous pouvez me ramener en me secouant violemment. Si je semble souffrir d'une vive douleur physique, vous devrez me rappeler immédiatement.

— Chalmers, dis-je posément, j'aimerais mieux que vous renonciez à cette expérience. Vous prenez des risques horribles. Je ne crois pas qu'il existe une quatrième dimension et je ne crois absolument pas à votre Tao. Et je ne tiens pas du tout à vous voir faire des expériences en avalant une drogue inconnue.

— Je connais les propriétés de cette drogue, affirma-t-il. Je sais avec précision comment elle agit sur l'être humain et je connais ses dangers. Le risque ne réside pas dans la drogue en soi. Ma seule crainte est de me perdre dans le temps. J'assisterai la drogue, comprenez-vous ? Avant d'avaler cette pilule, je concentrerai toute mon attention sur les symboles géométriques et algébriques que j'ai tracés sur cette feuille de papier, expliqua-t-il en prenant le tableau que j'avais vu. Je préparerai mon esprit à cette incursion dans le temps. *J'aborderai* la quatrième dimension avec mon esprit conscient avant de prendre la drogue qui me permettra de développer mes pouvoirs de perception occultes. Avant de pénétrer dans le monde onirique des mystiques orientaux, j'aurai acquis l'aide mathématique que la science moderne peut me fournir. Ces connaissances mathématiques, cette approche consciente d'une compréhension réelle de la quatrième dimension compléteront l'action de la drogue. La drogue m'ouvrira d'extraordinaires horizons nouveaux, la préparation mathématique me permettra de les comprendre intellectuellement. Il m'est souvent arrivé d'aborder la quatrième dimension dans mes rêves, émotionnellement, instinctivement, mais je n'ai jamais pu me rappeler, une fois éveillé, les splendeurs occultes qui m'avaient été fugacement révélées... Mais, avec votre aide, je crois pouvoir en conserver le souvenir. Vous noterez tout ce que je dis sous l'influence de la drogue. Quelle que soit l'incohérence de mes propos, et tout étranges qu'ils vous paraissent, vous n'omettrez rien. À mon réveil, je serai sans doute à même de fournir la clef de tout ce qui paraît mystérieux ou incroyable. Je ne suis pas certain de réussir mais, si j'y parviens, alors... *le temps n'existera plus pour moi !*

Son regard était étrangement lumineux. Il se rassit brusquement.

— Je vais immédiatement procéder à l'expérience. Placez-vous là, près de la fenêtre, et observez. Vous avez un stylo ?

Inquiet, je hochai la tête et tirai de la poche supérieure de mon gilet un Waterman vert pâle.

— Et un bloc-notes, Frank ?

En soupirant, je pris mon agenda.

— Je suis formellement opposé à cette expérience, marmonnai-je. Vous prenez un risque terrible.

— Ne radotez pas comme une vieille fille, protesta-t-il. Rien de ce que vous pourrez dire ne me retiendra. Je vous demande de vous taire pendant que j'étudie ces graphiques.

Il prit les tableaux et les examina longuement. J'observais la pendule sur la cheminée, j'écoutais son tic-tac, et une peur irraisonnée me glaçait le cœur.

Soudain la pendule se tut et au même instant Chalmers avala sa drogue.

Je me levai vivement pour aller vers lui mais ses yeux m'implorèrent de ne pas intervenir.

— La pendule s'est arrêtée, murmura-t-il. Les forces qui la contrôlent approuvent mon expérience. Le temps s'est arrêté, et j'ai avalé la drogue. Je prie Dieu de ne pas me perdre en chemin.

Il ferma les yeux et s'allongea sur le sofa. Tout le sang avait reflué de son visage ; sa respiration devenait oppressée. Il était manifeste que la drogue agissait avec une rapidité extraordinaire.

— Il commence à faire noir, souffla-t-il. Notez ça. Il commence à faire nuit et les objets familiers de cette pièce s'estompent. Je les discerne encore vaguement, entre les paupières, mais ils disparaissent.

Je secouai mon stylo pour faire descendre l'encre et me mis à écrire rapidement, en sténo.

— Je quitte la pièce. Les murs disparaissent et je ne peux plus voir aucun des objets familiers. Votre figure reste encore visible, cependant. J'espère que vous écrivez. Je crois que je suis sur le point de faire un bond, un grand bond dans l'espace. Ou peut-être dans le temps. Je n'en sais rien. Tout est noir, indistinct...

Il se tut pendant un moment, la tête penchée, le menton sur la poitrine. Puis, brusquement, il se raidit et ses yeux s'ouvrirent.

— Dieu du ciel ! cria-t-il. Je *vois* !

Il s'était redressé et regardait fixement le mur d'en face. Mais je savais qu'il voyait au-delà et que pour lui les objets de la pièce n'existaient plus.

— Chalmers ! criai-je. Chalmers, voulez-vous que je vous réveille ?

— Non ! hurla-t-il. Je vois *tout* ! Les milliards de vies qui m'ont précédé sur cette planète sont là devant moi. Je vois des hommes de tous les temps, de toutes les races, de toutes couleurs. Ils se battent, ils tuent, ils bâtissent, ils dansent, ils chantent. Ils sont assis autour de feux de bois dans des plaines désertiques, et volent dans les airs à bord de monoplans. Ils naviguent sur les mers dans des pirogues d'écorce et dans d'énormes vapeurs ; ils peignent des bisons et des mammouths sur les parois de sombres cavernes et couvrent d'immenses toiles de dessins abstraits. Je peux voir les migrations des Atlantes. Les migrations des Lémuriens. Je vois les races anciennes, une horde étrange de nains tout noirs envahissant l'Asie, et les hommes de Néanderthal, la tête basse et les genoux fléchis qui parcourent l'Europe. Je vois les Achéens se propager dans les îles grecques, et les débuts grossiers de la culture hellène. Je suis à Athènes et Périclès est jeune. Je foule la terre de l'Italie. J'assiste à l'enlèvement des Sabines, je marche avec les Légions impériales. Je frémis de crainte et de respect tandis que les aigles défilent et que la terre tremble sous le pas des vainqueurs.

Mille esclaves nus se jettent à terre tandis que je passe dans une litière d'or et d'ivoire traînée par les bœufs noirs de Thèbes, et les vestales me jettent des fleurs en criant « *Ave César !* ». Je suis moi-même un esclave sur une galère mauresque. J'assiste à l'érection d'une immense cathédrale. Pierre par pierre, elle s'élève et, durant les mois et les années, je reste là, je l'observe et je la vois grandir. Je suis brûlé sur une croix, la tête en bas, dans les jardins de Néron embaumés de thym, et je regarde avec ironie et amusement les bourreaux au travail dans les sombres geôles de l'Inquisition... Je marche dans les sanctuaires les plus sacrés ; je pénètre dans les Temples de Vénus. Je me prosterne devant la Magna Mater et je jette des pièces d'or sur les genoux nus des courtisanes sacrées qui sont assises, le visage voilé, dans les vergers de Babylone. Je me glisse dans un théâtre élisabéthain et parmi la populace vile j'applaudis *Le Marchand de Venise*. Je me promène avec Dante dans les étroites ruelles de Florence ; je rencontre la jeune Béatrice et le bas de sa robe effleure mes sandales tandis que je la contemple, extasié. Je suis un prêtre d'Isis et ma magie stupéfie les nations. Simon Magnus s'agenouille devant moi, implorant mon secours, et le Pharaon tremble à mon approche. En Inde, je converse avec les Maîtres et je fuis leur présence en hurlant, car leurs révélations sont comme du sel sur une plaie sanglante.

« Je perçois tout, *simultanément*. Je perçois tout, de tous côtés ; je fais partie des milliards d'êtres grouillants qui m'entourent. J'existe en chaque homme et tout homme existe en moi. Je perçois dans son entier l'histoire de l'humanité en un seul instant, le passé et le présent... Un simple effort, et je puis voir encore plus loin, plus loin. Maintenant je remonte par d'étranges courbes et angles. Les angles et les courbes se multiplient autour de moi. Je perçois de grands segments de temps à travers les courbes. Il y a le temps incurvé, et le temps angulaire. Les êtres qui existent dans le temps angulaire ne peuvent pénétrer dans le temps incurvé. C'est tout à fait étrange...

« Je remonte plus loin encore. L'homme a disparu de la terre. Des reptiles gigantesques se tapissent sous des palmiers géants et nagent dans les sombres eaux visqueuses de lacs sinistres. Maintenant les reptiles ont disparu. Il ne reste plus aucun animal sur la terre mais sous les eaux, parfaitement visibles à mes yeux, des formes sombres ondulent lentement parmi la végétation pourrissante... Les formes deviennent de plus en plus simples. À présent, elles ne sont que des cellules uniques. Tout autour de moi il y a des angles, des angles étranges qui n'ont pas leur contrepartie sur la terre. J'ai atrocement peur... Il y a un abîme d'existence que l'homme n'a jamais sondé...

Je sursautai. Chalmers s'était brusquement levé et il gesticulait désespérément.

— Je passe par des angles supraterrestres ! J'approche... ah ! l'horreur... L'horreur brûlante, infernale !

— Chalmers ! criai-je. Vous voulez que j'intervienne ?

Il porta vivement sa main droite à ses yeux, comme pour cacher une vision innommable.

— Pas encore, gémit-il. Je veux poursuivre... Je veux voir... ce qu'il y a... au-delà...

Une sueur froide ruissela de son front et ses épaules tressautèrent spasmodiquement. Il était maintenant blême, livide de terreur.

— Au-delà de la vie il y a... des *choses* que je ne puis distinguer. Elles passent lentement au travers des angles. Elles n'ont pas de corps, et elles se déplacent lentement en passant par des angles impossibles.

Ce fut alors que je remarquai l'odeur. Une puanteur indescriptible, si écœurante que je ne pus la supporter. J'allai rapidement à la fenêtre et l'ouvris en grand. Quand je revins vers Chalmers et le regardai dans les yeux, je faillis m'évanouir.

— Je crois qu'ils m'ont senti, glapit-il. Ils se tournent de mon côté !

Il tremblait de tous ses membres. Pendant une seconde ou deux il parut griffer l'air, puis ses jambes fléchirent et il tomba à plat ventre, en gémissant et en bavant.

Je le regardai en silence se traîner sur le sol. Ce n'était plus un homme. Il montrait les dents et de la salive moussait aux coins de sa bouche.

– Chalmers ! hurlai-je. Chalmers, arrêtez ! Ça suffit, vous entendez ?

Comme pour répondre à ma prière, il se mit à émettre des sons rauques, étranges, des espèces d'aboiements, tout en se traînant tout autour de la pièce. Je le saisis par les épaules. Avec l'énergie du désespoir, je le secouai violemment. Il tourna la tête et voulut me mordre le poignet. J'étais malade d'horreur, mais je n'osais le lâcher de crainte qu'il se tue dans un paroxysme de rage.

— Chalmers, suppliai-je, calmez-vous. Il n'y a rien dans cette pièce qui puisse vous faire du mal. Vous m'entendez ? Vous me comprenez ?

Je continuai de le secouer et de l'admonester et petit à petit sa figure perdit son expression démente. Il fut secoué d'un grand frisson puis il retomba comme une masse sur le tapis d'Orient.

Je le soulevai et le portai sur le sofa. Ses traits étaient convulsés de douleur et je devinai qu'il luttait encore pour échapper à d'abominables souvenirs.

— Whisky, souffla-t-il. Dans le secrétaire, près de la fenêtre... tiroir du haut à gauche...

Je trouvai une flasque et, quand je la lui tendis, ses doigts se crispèrent si fortement que ses phalanges devinrent presque bleues.

— Ils ont failli m'avoir, haleta-t-il.

Il but avidement au goulot et bientôt l'alcool le ranima, ses couleurs revinrent.

— Cette drogue est abominable, déclarai-je.

— Ce n'est pas la drogue, murmura-t-il.

Ses yeux n'avaient plus cet éclat dément mais il avait toujours l'air d'une âme en perdition.

— Ils m'ont senti, dans le temps, gémit-il. Je suis allé trop loin.

— Comment étaient-ils ? demandai-je pour ne pas le contrarier.

Il se pencha brusquement en avant et me saisit la main. Il frémissait horriblement.

— Aucun mot de notre langue ne peut les décrire, me dit-il d'une voix basse et rauque. Ils sont vaguement symbolisés dans le mythe de la Chute, et sous une forme obscène que l'on trouve parfois gravée sur d'antiques tablettes. Les Grecs avaient un nom pour eux, qui voilait leur horreur intrinsèque. L'arbre, le serpent et la pomme... tels sont les vagues symboles d'un mystère épouvantable... Frank, Frank ! glapit-il, un *acte* terrible et innommable a été commis au commencement. Avant le commencement des temps, l'*acte*, et à partir de cet acte...

Il s'était relevé et arpentait nerveusement la pièce.

— Les séquelles de l'acte passent par des angles dans les sombres recoins du temps. Ils sont affamés et assoiffés !

— Chalmers, murmurai-je en m'efforçant de le calmer. Nous sommes dans la troisième décennie du XXe siècle !

— Ils sont maigres et assoiffés ! hurla-t-il. *Les Chiens de Tindalos !*

— Chalmers ! Vous ne voulez pas que je téléphone à un médecin ?

— Un médecin ne pourrait rien pour moi. Il y a des horreurs de l'âme, et pourtant... Ils existent, Frank, ils sont réels ! Je les ai *vus* ! Pendant un instant, je me suis trouvé de *l'autre côté*. Je me dressais sur une plage grise et pâle au-delà du temps et de l'espace. Dans une horrible lumière qui n'était pas de la lumière, dans un silence qui hurlait, et je les ai vus, *eux* ! Tous les maléfices de l'univers étaient concentrés dans leurs corps maigres et affamés. Mais avaient-ils des corps ? Je n'en suis pas sûr, je les ai à peine aperçus. *Mais je les ai entendus respirer !* J'ai senti pendant un instant indescriptible leur souffle sur ma figure. Ils se sont tournés vers moi et j'ai pris la fuite en hurlant. En une fraction d'instant j'ai fui en hurlant à travers le temps. J'ai couru durant des millénaires, des milliards d'années... Mais ils m'avaient senti. Les hommes éveillent en eux un appétit cosmique. Nous avons échappé, momentanément, à l'horreur nauséabonde qui les entoure. Ils sont assoiffés de tout ce qui, en nous, est resté propre, a pu survivre à l'acte sans être contaminé. Il y a une partie de nous qui n'a pas pris part à l'acte, et cela ils le haïssent. Mais il ne faut pas croire qu'ils sont littéralement, prosaïquement mauvais. Ils se situent au-delà du bien et du mal tels que nous les connaissons. Ils sont ce qui, au commencement des temps, a perdu la grâce. À cause de l'acte, ils sont devenus des créatures de mort, des réceptacles de l'impureté. Mais ils ne sont pas maléfiques ni mauvais dans le sens où nous le comprenons, parce que, dans les sphères où ils vivent, il n'y a pas de pensée, pas de morale, le bien et le mal n'existent pas. Il n'y a que ce qui est pur et ce qui est souillé. Le pur s'exprime par des courbes, le souillé par des angles. L'homme, ce qu'il a pu conserver de pur, descend de la courbe. Ne riez pas. Je parle littéralement !

Je me levai et allai prendre mon chapeau.

— Je vous plains sincèrement, Chalmers, dis-je en ouvrant la porte. Mais je n'ai pas la moindre envie d'écouter plus longtemps vos sornettes. Je vais vous envoyer mon médecin. C'est un brave homme et il ne se fâchera pas si vous l'envoyez au diable. Mais j'espère que vous écouterez ses conseils. Une semaine de repos dans une maison de santé vous ferait le plus grand bien.

Je l'entendis rire quand je descendis, mais c'était un rire si amer que j'en eus les larmes aux yeux.

2

Quand Chalmers me téléphona le lendemain matin, mon premier mouvement fut de raccrocher immédiatement. Sa requête était si insensée et sa voix si égarée que je craignais, en m'associant plus longtemps avec lui, de perdre la raison. Cependant, je ne pouvais douter de l'authenticité de sa détresse et, quand il s'effondra et que je l'entendis sangloter, je ne pus qu'accéder à sa demande.

— Très bien, lui dis-je. J'arrive, et j'apporte le plâtre.

En chemin, je passai chez un quincaillier et achetai dix kilos de plâtre. Quand j'arrivai chez Chalmers, je le trouvai accroupi près de la fenêtre en train de contempler le mur d'en face avec des yeux fiévreux et terrifiés. Dès qu'il m'aperçut, il se leva et saisit le sac de plâtre avec une avidité qui me stupéfia et m'horrifia. Il avait débarrassé la pièce de tous ses meubles et elle était à présent tout à fait nue.

— Nous allons peut-être pouvoir les déjouer, s'exclama-t-il. Mais nous n'avons pas un instant à perdre. Il y a un escabeau dans le vestibule, Frank. Allez vite le chercher. Et apportez aussi un seau d'eau.

— Mais pourquoi...

Il se retourna brusquement, la figure congestionnée.

— Pour le plâtre, imbécile ! cria-t-il. Pour préparer le plâtre qui sauvera nos corps et nos âmes d'une épouvantable contamination.

Pour préparer le plâtre qui sauvera le monde de... Frank ! Il faut les empêcher de nous envahir !

— Qui ? murmurai-je.

— Les chiens de Tindalos ! Ils ne peuvent nous atteindre que par les angles. Nous devons donc éliminer tous les angles de cette pièce. Je vais replâtrer tous les angles, boucher toutes les fissures. Nous devons faire en sorte que cette pièce ressemble à l'intérieur d'une sphère.

Je savais qu'il serait inutile de discuter. J'allai donc chercher l'escabeau. Chalmers prépara le plâtre et, pendant trois heures, nous travaillâmes avec acharnement. Nous arrondîmes tous les angles, lissant le plâtre aux quatre coins des murs, à la jointure avec le plafond et le plancher, et dans l'embrasure de la fenêtre.

— Je vais rester dans cette pièce jusqu'à leur retour dans le temps, déclara-t-il quand nous eûmes fini. Quand ils s'apercevront que la trace les conduit à des courbes, ils repartiront. Ils s'en iront, furieux, affamés et insatisfaits vers l'horreur mauvaise et maléfique qui était avant le commencement des temps au-delà de l'espace.

Après quoi il me sourit et alluma une cigarette.

— Je vous remercie de m'avoir aidé, me dit-il.

— Vous ne voulez pas voir un médecin, Chalmers ? insistai-je.

— Demain, peut-être. Mais pour le moment je dois veiller et attendre.

— Attendre quoi ?

Il sourit de nouveau, avec commisération.

— Je sais que vous me croyez fou. Vous avez un esprit astucieux mais prosaïque, vous ne pouvez concevoir une entité qui, pour exister, ne dépend ni de la force ni de la matière. Mais ne vous est-il jamais venu à l'esprit, mon ami, que la force et la matière ne sont que les barrières imposées à la perception par le temps et l'espace ? Quand on sait, comme moi, que le temps et l'espace sont identiques et qu'ils sont tous deux trompeurs parce que ce ne sont que les manifestations imparfaites d'une plus haute réalité, on ne cherche plus dans le monde visible une explication au mystère et à la terreur de l'être.

Je me levai et me dirigeai résolument vers la porte.

— Pardonnez-moi. Je ne voulais pas vous offenser, me cria-t-il. Vous êtes supérieurement intelligent mais je... mais mon esprit est surhumain ! Il est donc normal que j'aie conscience de vos limites.

— Téléphonez si vous avez besoin de moi, répliquai-je en descendant l'escalier quatre à quatre. Je vais vous envoyer tout de suite mon médecin.

« Il est fou, pensai-je, et Dieu seul sait ce qui risque de lui arriver si on ne le soigne pas sans tarder. »

3

Ce qui suit est un condensé de deux articles parus dans la Partridgeville Gazette *du 3 juillet 1928 :*

TREMBLEMENT DE TERRE DANS LE CENTRE

Ce matin, à deux heures, une secousse tellurique d'une violence inusitée a provoqué la rupture de nombreuses canalisations. De nombreuses fenêtres et vitrines de Central Square ont été brisées et les lignes de tramway sont complètement désorganisées. La secousse a été sentie jusque dans la banlieue et le clocher de la Première Église Baptiste d'Angell Hill (construite par Christopher Wren en 1717) s'est effondré. Les pompiers s'efforcent encore d'éteindre un incendie qui menace de détruire l'usine de colle. Jusqu'à présent, on ne compte pas de victimes. Le maire a ouvert une enquête et promis de chercher activement les responsables de cette catastrophe.

ASSASSINAT D'UN ÉCRIVAIN ADEPTE DES SCIENCES OCCULTES

Le cadavre de Halpin Chalmers, journaliste et écrivain, a été découvert ce matin, à neuf heures dans une pièce vide, au-dessus de la bijouterie Smithwick et Isaacs, 24, Central Square. L'enquête a révélé que le studio avait été loué meublé à Mr Chalmers le 1er mai, et qu'il s'était lui-même débarrassé des meubles il y a deux semaines. Halpin Chalmers était l'auteur de plusieurs ouvrages assez obscurs sur les sciences occultes. Avant de venir s'installer à Partridgeville, il avait résidé à Brooklyn, New York.

Mr L.E. Hancock, le voisin de palier de Mr Chalmers, a senti en sortant de chez lui ce matin à sept heures une odeur bizarre sur le palier, extrêmement âcre et si écœurante qu'il dut se boucher le nez en passant devant la porte de Mr Chalmers. Il pensa que son voisin avait peut-être oublié de fermer le gaz et, après avoir frappé à sa porte sans obtenir de réponse, il s'inquiéta et alla chercher le concierge. Celui-ci ouvrit la porte avec son passe-partout et les deux hommes découvrirent avec stupéfaction que le studio de Mr Chalmers était complètement vide de meubles. Le spectacle qu'ils virent était tel que Mr Hancock faillit s'évanouir et que le concierge se précipita pour ouvrir la fenêtre et respirer profondément.

Mr Chalmers était couché sur le dos au centre de la pièce. Il était entièrement nu et ses bras et son torse étaient recouverts d'une bizarre bave bleuâtre. La tête tranchée était posée sur la poitrine mais nulle part il n'y avait la moindre trace de sang.

Les témoins furent extrêmement surpris par l'aspect de la pièce.

Tous les coins, les plinthes, les bords de plafond avaient été recouverts de plâtre comme pour arrondir tous les angles, mais par endroits des fragments étaient tombés, et quelqu'un (l'assassin ?) les avait balayés et réunis au milieu du plancher pour former un triangle.

À côté du cadavre il y avait plusieurs feuilles de papier roussies, couvertes de symboles et de figures géométriques, ainsi que des phrases griffonnées à la hâte. Ce texte est presque illisible et si absurde qu'il ne peut fournir aux enquêteurs aucun indice sur le meurtrier. Chalmers avait écrit : « *J'attends et j'observe. Je suis assis près de la fenêtre et j'observe les murs et le plafond. Je ne crois pas qu'ils puissent m'atteindre, mais je dois me méfier des Doels. Eux, ils pourront peut-être les aider à passer. Les satyres les aideront aussi, et ils peuvent avancer par les cercles écarlates. Les Grecs savaient comment empêcher cela. Il est bien dommage que nous ayons tant oublié.* »

Sur un autre feuillet, le plus calciné de tous, l'inspecteur Douglas a pu déchiffrer le texte suivant : « *Mon Dieu ! Le plâtre s'effrite ! Un choc terrible a secoué le plâtre et il tombe. Un tremblement de terre, peut-être ! Comment aurais-je pu prévoir une chose pareille ? Il fait sombre, la nuit tombe. Je dois appeler Frank. Mais arrivera-t-il à temps ? Je vais essayer. Je peux réciter la formule d'Einstein. Je vais... Mon Dieu ! Ils pénètrent ! Ils arrivent ! De la fumée filtre aux coins des murs. Leurs langues... ahhhhh...* »

Selon l'inspecteur Douglas, Chalmers aurait été empoisonné par un produit chimique inconnu. Des prélèvements de l'étrange bave bleue découverte sur le cadavre ont été envoyés au laboratoire de la police aux fins d'analyse et l'on espère que le rapport des experts permettra de faire la lumière sur un des crimes les plus mystérieux perpétrés dans notre ville.

L'enquête a révélé, cependant, que la victime a reçu un visiteur dans la soirée précédant le tremblement de terre, car son voisin a distinctement entendu un murmure de conversation dans le studio, alors qu'il rentrait chez lui. Les soupçons se portent sur ce visiteur inconnu, et la police recherche activement son identité. L'enquête suit son cours et ne devrait pas tarder à donner des résultats.

4

Rapport de James Morton, chimiste et bactériologiste des laboratoires de police :

Cher Mr Douglas,

Les prélèvements que vous m'avez fait parvenir pour analyse

sont les plus singuliers qu'il m'ait jamais été donné d'examiner. Cela ressemble à du protoplasme vivant, mais il y manque ces substances particulières appelées enzymes. Les enzymes catalysent les réactions chimiques qui se produisent dans les cellules vivantes et, quand la cellule meurt, elles provoquent sa désintégration par hydrolyse. Sans enzymes, le protoplasme continue de vivre éternellement, par conséquent il est immortel. Les enzymes sont les composants négatifs, pour ainsi dire, de l'organisme unicellulaire qui est à la base de toute vie. Les biologistes sont formels : aucune matière vivante ne peut exister sans enzymes. Et, pourtant, la substance que vous m'avez envoyée est vivante, mais *elle ne possède pas ces corps indispensables*. Pouvez-vous imaginer, monsieur, quelles incroyables perspectives cela nous ouvre ?

5

Extrait de The Secret Watchers, *du regretté Halpin Chalmers :*

Qui nous dit qu'il n'existe pas, parallèlement à la vie que nous connaissons, une autre vie qui ne meurt pas, qui ne possède pas les éléments qui détruisent *notre* vie ? Peut-être y a-t-il dans une autre dimension une force *différente* de celle qui engendre notre vie. Il se peut que cette force produise de l'énergie, ou quelque chose de semblable à l'énergie, qui passe de la dimension inconnue où *elle est* pour créer une nouvelle forme de vie cellulaire dans notre dimension. Nul ne peut affirmer qu'une telle vie cellulaire nouvelle n'existe pas dans notre dimension. Mais moi, j'ai vu ses manifestations ! J'ai parlé avec *eux*. La nuit, dans ma chambre, j'ai causé avec les Doels. Et dans mes rêves j'ai vu leur créateur. Je me suis trouvé sur cette grève diffuse au-delà du temps et de la matière, et je l'ai vue. J'ai vu la chose qui se meut bizarrement, en suivant des courbes singulières et des angles impensables. Un jour, je voyagerai dans le temps et je l'affronterai face à face.

1929

Robert E. HOWARD

Les miroirs de Tuzun Thune

Le créateur de Conan le Barbare est né au Texas en 1906. Chétif, il fut victime de brimades à l'école, ce qui le poussa à pratiquer intensivement le sport. Le résultat fut à la hauteur de ses espérances, car il devint un véritable athlète. Néanmoins, une fois devenu adulte, il conserva le souvenir de son enfance difficile et prit l'habitude de porter deux revolvers sur lui, d'où le surnom, Two-Gun Bob, que lui donna son grand ami Lovecraft. Il fut toujours introverti, inquiet, dépressif et se suicida en 1936 en apprenant que sa mère était atteinte d'une maladie incurable.

Howard fit ses débuts dans Weird Tales *en 1925, et c'est dans les pages de ce magazine qu'il créa le personnage de Conan en 1932. Un géant, un hercule tout-puissant qui le vengeait de sa jeunesse difficile. Voici comment Howard le décrit : « Dans ces contrées (l'Aquilonia) vint Conan le Cimmérien, cheveux noirs, œil sombre, épée au poing, voleur, brigand, assassin, avec ses peines immenses et ses joies démesurées, qui piétina de ses sandales les trônes somptueux de la Terre. Dans les veines de Conan coulait le sang de l'Atlantide, avalé par les mers huit mille ans avant sa naissance. » Du vivant de Howard il parut dix-sept nouvelles mettant en scène le héros barbare et quatre autres parurent à titre posthume. Depuis sa mort, une cinquantaine de romans dus à des auteurs divers, une série de* comic books *et deux films à gros budget, sont venus s'ajouter au corpus initial. Aujourd'hui Conan est beaucoup plus connu qu'au moment de sa création et le succès posthume de ce personnage aurait sans nul doute bien surpris son auteur et ses deux amis Klarkash-Ton et H.P.L.*

Bien des critiques mal informés ont vu en ce personnage l'apologie de la force brutale. Bien au contraire Howard considérait le fascisme, alors triomphant en Europe, comme une doctrine criminelle qui réduisait l'homme à l'état d'esclave aux mains d'une oligarchie despotique. Pour lui, Conan n'était rien d'autre que la manifestation de la liberté personnelle face aux pouvoirs en place.

*Robert E. Howard reste le chef de file incontesté de l'*heroic fantasy*, sous-genre encore appelé « sword & sorcery », qui fait coexister des éléments d'épopée guerrière, de magie, de fantastique, parfois même de S-F pure, et qui a de nombreux adeptes parmi les auteurs contemporains.*

King Kull est un autre héros imaginé par Howard, moins fruste que Conan, et c'est lui que j'ai choisi de vous faire découvrir ici.

Il arrive, même aux rois, de connaître le temps de la grande lassitude. Alors l'or du trône se change en cuivre, les soieries du palais se ternissent. Les bijoux de la couronne et les pierreries aux doigts des femmes ne brillent plus que comme la glace des mers blanches ; les discours des hommes sont aussi vides de sens que le tintement de la marotte du bouffon, et toutes choses deviennent irréelles ; le soleil lui-même s'éteint dans les cieux et le souffle de l'océan vert perd sa fraîcheur.

Kull était assis sur le trône de Valusia, et l'heure de la lassitude l'accablait. Devant lui défilaient interminablement et sans raison les hommes, les femmes, les prêtres, les événements, les ombres ; les choses aperçues et les choses à atteindre. Mais, comme des ombres, tout allait et venait sans laisser de trace sur son entendement, sinon le sentiment d'une immense lassitude. Pourtant, Kull n'était pas fatigué. Il rêvait de choses au-delà de lui-même, au-delà de la cour valusienne. Une vague agitation troublait son esprit et d'étranges rêves lumineux hantaient son âme. Sur son ordre surgit devant lui Brule le Lancier, guerrier de Pictlande, venu des îles au-delà de l'Occident.

— Seigneur roi, tu es las de la vie de cour. Viens avec moi sur ma galère et nous naviguerons au hasard des océans.

— Non, murmura Kull, posant son menton sur son poing puissant. Je suis fatigué de tout. La ville m'ennuie, les frontières sont paisibles. Je n'entends plus les chants de la mer que j'écoutais tout enfant sur les côtes escarpées de l'Atlantide, alors que la nuit scintillait de milliards d'étoiles. Les forêts vertes ne m'attirent plus comme autrefois. Il y a en moi une étrangeté, et un désir que je ne puis formuler. Va !

Brule partit, inquiet, laissant son roi sur son trône, plongé dans de sombres pensées. Alors, une fille de la cour se glissa aux pieds de Kull et lui souffla :

— Grand roi, va voir Tuzun Thune, le mage. Il connaît les secrets de la vie et de la mort, il sait lire dans les étoiles et il connaît les terres englouties sous les mers.

Kull contempla la fille. Ses cheveux étaient d'or fin, et ses yeux violets étaient curieusement bridés ; elle était belle, mais la beauté n'avait que peu d'intérêt pour Kull.

— Tuzun Thune, répéta-t-il. Qui est-il ?

— Un mage de la Race Éteinte. Il vit ici, à Valusia, près du Lac des Visions dans la Maison des Mille Miroirs. Toutes choses lui sont connues, seigneur roi. Il parle aux morts et converse avec les démons des Terres Perdues.

Kull se leva.

— Je vais aller voir ce magicien. Mais n'en dis rien à personne, tu entends ?

— Je suis ton esclave, monseigneur.

Et elle tomba humblement à genoux mais, dès que Kull se détourna, le sourire de sa bouche écarlate révéla la ruse, tout comme la lueur de ses yeux en amande.

Kull se rendit à la demeure de Tuzun Thune, au bord du Lac des Visions, une vaste étendue d'eau bleue paisible ; de nombreux palais se dressaient sur ses berges, des bateaux de plaisance en forme de cygne glissaient mollement à sa surface brumeuse et de tous côtés montaient les sons d'une musique douce.

La Maison des Mille Miroirs était vaste et spacieuse mais sans prétention. Les grandes portes étaient ouvertes, et Kull gravit les degrés du large perron ; il entra sans se faire annoncer et, dans une salle immense dont les murs étaient tapissés de miroirs, il trouva Tuzun Thune, le mage. L'homme paraissait plus ancien encore que les collines de Zalgara, sa peau était de cuir tanné, mais ses yeux gris brillaient comme de l'acier poli.

— Kull de Valusia, ma maison est à toi, dit-il en s'inclinant très bas, avec une courtoisie des temps passés, tout en indiquant au roi un fauteuil majestueux comme un trône.

— On me dit que tu es un mage, déclara Kull. Peux-tu accomplir des merveilles ?

Il s'était accoudé et, le menton dans sa main, il considérait sombrement le vieillard. Le mage sourit, étendit la main, ouvrit et referma ses doigts.

— N'est-ce pas une merveille, que cette chair aveugle obéisse aux ordres de mon cerveau ? Je marche, je respire, je parle... ne sont-ce pas des merveilles ?

Kull médita un moment, puis il demanda :

— Peux-tu évoquer les démons ?

— Certes. Je puis en faire surgir un, plus terrible que tous ceux de l'au-delà, en te giflant.

Kull sursauta, et hocha la tête.

— Mais les morts ? Peux-tu converser avec les morts ?

— Je converse toujours avec les morts, comme je te parle en ce moment. La mort commence à la naissance et tout homme commence à mourir à l'instant où il vient au monde ; en ce moment même tu es mort, roi Kull, parce que tu es né.

— Mais toi, tu es plus vieux que ne le deviennent les hommes ; les mages ne meurent-ils donc pas ?

— Les hommes meurent quand leur heure est venue. Ni plus tôt ni plus tard. La mienne n'a pas encore sonné.

Kull considéra ces réponses.

— Ainsi, il semblerait que le plus grand mage de Valusia ne soit qu'un homme comme les autres, et que j'aie été dupé en venant ici.

Tuzun Thune secoua la tête.

— Les hommes ne sont que des hommes, et les plus grands sont ceux qui apprennent les choses les plus simples. Contemple donc mes miroirs, roi Kull.

Le plafond était couvert de miroirs, les murs en étaient tapissés, tous parfaitement joints mais de toutes tailles et de toutes formes.

— Les miroirs sont le reflet du monde, Kull, murmura le mage. Contemple mes miroirs et découvre la sagesse.

Kull en choisit un au hasard et le regarda intensément. Ceux du mur d'en face s'y reflétaient, et en reflétaient d'autres, si bien qu'il avait l'impression d'avoir devant lui un interminable corridor scintillant, formé par tous les miroirs ; et tout au fond il apercevait une minuscule silhouette. Kull la contempla longuement avant de comprendre que c'était son propre reflet. Il regarda et se sentit envahi d'un sentiment de petitesse, comme si cette silhouette était le vrai Kull, représentait ses véritables proportions. Alors il se détourna et alla se placer devant une autre glace.

— Regarde bien, Kull, dit le mage. C'est le miroir du passé.

Une brume grise obscurcissait la glace, de grands brouillards tourbillonnant et changeant comme le fantôme d'un fleuve géant ; et au travers de cette brume Kull apercevait des visions fugitives, des visions d'horreur et d'étrangeté, des bêtes et des hommes qui s'y mouvaient et des formes qui n'étaient ni bêtes ni hommes ; de grandes fleurs exotiques s'épanouissaient dans la grisaille, des arbres tropicaux gigantesques se dressaient au bord de marais fétides où se vautraient des reptiles monstrueux ; le ciel était livide, peuplé de dragons volants, et les mers agitées mugissaient en jetant leurs vagues inlassablement contre des rivages boueux. L'homme n'existait pas encore, l'homme était un rêve des dieux, et des formes de cauchemar ondulaient et glissaient dans une jungle horrible. Il y avait là des batailles et des massacres et d'épouvantables amours. La mort était là, car la Vie et la Mort marchent main dans la main. Des plages visqueuses du monde montaient les hurlements des monstres et des silhouettes incroyables rampaient sous la pluie incessante.

— Celui-ci représente l'avenir.

Kull regarda, en silence.

— Que vois-tu ?

— Un monde étrange, murmura le roi. Les Sept Empires tombent en poussière et sont oubliés. Les marées de l'océan déferlent très loin au-dessus des montagnes éternelles de l'Atlantide ; les sommets de la Lémurie de l'Ouest sont des îles dans une mer inconnue. D'étranges sauvages parcourent les anciennes contrées, et de nouvelles régions ont surgi des profondeurs pour profaner les antiques sanctuaires. Valusia a disparu et aussi toutes les nations d'aujourd'hui, et les hommes de demain sont des étrangers. Ils ne nous connaissent pas.

— L'avenir est en marche, déclara calmement Tuzun Thune. Nous vivons aujourd'hui ; qu'avons-nous à faire d'hier, ou de demain ? La roue tourne, les nations s'élèvent et s'écroulent ; le monde change, les temps retombent dans la sauvagerie et la barbarie pour retrouver plus tard la civilisation, au cours des âges. Avant que l'Atlantide soit, Valusia existait, et avant Valusia il y avait les Antiques Nations. Nous aussi, nous avons piétiné dans notre course en avant des tribus perdues. Toi, qui es venu des vertes collines de l'Atlantide pour t'emparer de l'antique couronne de Valusia, tu penses que ma tribu est très vieille, nous qui avons régné sur ces terres avant que les Valusiens arrivent de l'Est, au temps où l'homme n'existait pas encore dans les régions de la mer. Mais l'homme vivait ici quand les Antiques Tribus ont surgi des déserts, et d'autres hommes avant celui-là, des tribus avant d'autres tribus. Les nations passent et sont oubliées, car tel est le destin de l'humanité.

— Oui, murmura Kull. Cependant, n'est-ce pas grand dommage que la beauté et la gloire des hommes disparaissent comme une brume d'été ?

— Pourquoi pas, puisque c'est leur destin ? Je ne pleure pas les gloires enfuies de ma race, pas plus que je ne me soucie des races à venir. Vis le présent, Kull, vis le présent. Les morts sont morts ; ceux qui ne sont pas encore nés n'existent pas. Qu'importe que les hommes t'oublient, quand tu te seras toi-même oublié dans les mondes silencieux de la mort ? Contemple mes miroirs et découvre la sagesse.

Kull choisit un autre miroir et alla s'y mirer.

— C'est le miroir de la plus profonde magie. Que vois-tu, Kull ?

— Rien que moi.

— Regarde mieux, Kull. Est-ce bien toi ?

Kull regarda fixement l'immense miroir, et n'y vit que son propre reflet.

— Je viens me placer devant cette glace, murmura-t-il d'une voix songeuse, et je donne la vie à cet homme. Cela dépasse mon entendement car je l'ai d'abord vu dans les eaux calmes des lacs de l'Atlantide, et puis je l'ai revu dans les miroirs encadrés d'or de Valusia. Il est moi, il est mon ombre, il fait partie de moi, je peux le susciter ou le faire disparaître selon mon caprice et pourtant... (Il s'interrompit tandis que d'étranges pensées chuchotaient dans les ténébreux abîmes de son esprit comme des chauves-souris voletant dans une vaste caverne.) Et pourtant, où est-il quand je ne me tiens pas devant un miroir ? Est-il donc du pouvoir de l'homme de former à loisir ou de détruire une ombre de vie, d'existence ? Comment puis-je savoir si, lorsque je m'écarte du miroir, il disparaît dans les ténèbres du néant ?... Par Valka ! Est-ce moi l'homme, ou bien lui ? Lequel de nous est le fantôme de l'autre ? Ces miroirs ne sont peut-être que des fenêtres par lesquelles nous contemplons un autre monde. Pense-t-il la même chose de moi ? Ne suis-je plus qu'une ombre, un reflet de lui-même, à ses yeux ? Comme il l'est aux miens ? Et si c'est moi le fantôme, quel est donc cet autre monde qui vit dans le miroir ? Quelles armées y combattent, quels monarques y règnent ? Ce monde-ci est le seul que je connaisse. Ignorant tout de l'autre, comment puis-je le juger ? Il doit sûrement y avoir aussi des collines verdoyantes et des mers mugissantes et de vastes plaines où les hommes s'alignent en rangs de bataille ! Dis-moi, magicien, toi qui es le plus sage d'entre les hommes, dis-moi s'il y a d'autres mondes, au-delà du nôtre.

— Un homme a des yeux pour voir, répliqua le mage. Qui veut voir doit d'abord croire.

Les heures passèrent lentement, et Kull restait assis devant les miroirs de Tuzun Thune, et se contemplait lui-même. Parfois il lui semblait voir de la roche dure et plate, d'autres fois des profondeurs insondables. Telle la surface de la mer était le miroir de Tuzun Thune, uni comme l'océan sous les rayons obliques du soleil levant, sous l'obscurité des étoiles quand nul œil ne peut percer ses profondeurs ; vaste et mystique comme la mer quand le soleil la frappe de telle façon que l'observateur a le souffle coupé en devinant ses abysses sans fond. Ainsi était le miroir que contemplait Kull.

Finalement le roi se leva en soupirant et s'en alla fort troublé. Et Kull revint à la Maison des Mille Miroirs ; jour après jour il revint s'asseoir pendant des heures devant les glaces. Des yeux le regardaient, semblables aux siens, et pourtant il sentait une différence, une réalité qui n'était pas lui. Durant de longues heures, il fixait le miroir avec une étrange intensité ; et, heure après heure, son image le contemplait.

Les affaires du palais et de l'État furent négligées. Le peuple murmurait ; l'étalon de Kull piaffait impatiemment dans son écurie et les guerriers de Kull jouaient aux dés et se disputaient sans raison. Kull n'en avait cure. Par moments, il semblait sur le point de découvrir quelque monstrueux secret. L'image dans le miroir n'était plus pour lui un simple reflet ; la chose, à ses yeux, était une entité, semblable par l'apparence mais aussi éloignée de Kull que les pôles l'étaient l'un de l'autre. L'image, pensait-il, possédait une personnalité différente de la sienne ; elle ne dépendait pas plus de Kull que le roi ne dépendait d'elle. Et, jour après jour, Kull se demandait dans quel monde il vivait réellement ; était-il l'ombre, évoquée par la volonté de l'autre ? Était-ce lui, et non le reflet, qui vivait dans un monde d'illusion, dans l'ombre du monde réel ?

Kull se mit à rêver de pouvoir pénétrer la personnalité dans le miroir, pour un instant seulement, pour voir ce qu'il y avait à voir ; mais, s'il franchissait cette porte, pourrait-il jamais revenir ? Trouverait-il un monde identique à celui dans lequel il vivait ? Un monde dont le sien n'était qu'un simple reflet ? Où était la réalité, où était l'illusion ?

Par instants, Kull se demandait comment de telles idées, de tels rêves avaient pu pénétrer son esprit, s'il les suscitait lui-même ou si... et alors, là, ses pensées se brouillaient. Ses méditations lui étaient propres ; aucun homme ne gouvernait ses pensées et il pouvait les évoquer selon son bon plaisir ; mais était-ce bien sûr ? N'étaient-elles pas comme des chauves-souris, allant et venant non pas selon son bon plaisir, mais sur l'ordre et suivant la volonté de... de qui ? Des dieux ? Des Femmes qui tissaient la toile du destin ? Kull ne parvenait à aucune conclusion, car à chaque pas mental qu'il faisait il s'égarait de plus en plus dans les brumes grises des postulats illusoires et des réfutations.

Il ne savait qu'une chose : d'étranges visions envahissaient son esprit, comme des chauves-souris voletant au hasard, surgies du néant murmurant de la non-existence ; jamais encore il n'avait nourri ces pensées, mais à présent elles régnaient sur son cerveau, le jour et la nuit, si bien qu'à tout moment il avait l'impression de se déplacer dans un brouillard vertigineux ; et son sommeil était hanté de rêves étranges et monstrueux.

— Dis-moi, magicien, demanda-t-il, assis devant le miroir, le regard rivé sur sa propre image, dis-moi, comment puis-je franchir ta porte ? Car, à la vérité, je ne sais plus si le monde réel est ici et si cette image est son reflet. Ce que je vois doit au moins exister, sous une forme ou une autre.

— Vois et crois, marmonna le mage. L'homme doit croire pour accomplir. La forme est une ombre, la substance est illusion, la matérialité est un rêve ; l'homme est parce qu'il croit qu'il est ; qu'est donc l'homme sinon un rêve des dieux ? Cependant, l'homme peut être ce qu'il désire être ; la forme et la substance ne sont que des ombres. L'esprit, l'ego, l'essence du rêve divin, voilà la réalité, voilà ce qui est immortel. Vois et crois, si tu veux accomplir, Kull.

Le roi ne comprit pas ; il ne comprenait jamais très clairement les énigmatiques discours du mage, et cependant ils suscitaient en lui une vague réaction positive. Aussi, jour après jour, revint-il s'asseoir devant les miroirs de Tuzun Thune. Et, toujours, le mage restait tapi derrière lui comme une ombre.

Le jour vint où Kull sembla distinguer par moments des terres inconnues ; les images passaient par son esprit et lui inspiraient des pensées vagues, des réminiscences confuses. Jour après jour, il perdait contact avec son univers, les choses lui paraissaient de plus en plus irréelles, et le reflet dans le miroir devenait l'unique réalité. À présent, Kull semblait approcher les portes de mondes plus puissants, il apercevait vaguement d'immenses panoramas et les brumes surréelles se dissipaient...

« La forme est une ombre, la substance est illusoire, ce ne sont que des ombres », lui répétait dans son subconscient la voix du mage. Il se rappelait ses paroles et il avait l'impression de les comprendre maintenant... La forme et la substance, ne pourrait-il en changer, à volonté, s'il connaissait le secret, s'il possédait la clef qui ouvrait cette porte ? Quels mondes parmi des mondes attendaient l'explorateur hardi ?

L'homme dans le miroir paraissait lui sourire et se rapprocher – toujours plus près – tandis qu'un brouillard montait, qu'une brume enveloppait le reflet... Kull éprouva une sensation étrange, un vertige, il eut l'impression de se transformer, de se fondre...

— Kull !

Le hurlement brisa le silence en un million de fragments vibratoires !

Des montagnes s'écroulèrent et des mondes vacillèrent tandis que Kull, rappelé par ce cri frénétique, faisait un effort surhumain pour échapper à il ne savait quoi.

Un fracas soudain et Kull se retrouva dans la grande salle de Tuzun Thune devant un miroir brisé en mille morceaux, l'esprit troublé, à demi aveuglé par la stupéfaction. Là, à ses pieds, gisait le corps de Tuzun Thune, dont l'heure avait enfin sonné ; et devant lui se dressait Brule le Lancier, son épée ensanglantée à la main, les yeux agrandis et terrifiés.

— Valka ! jura le guerrier. Je suis arrivé à temps !

— Mais... Mais qu'est-il arrivé ? bredouilla le roi.

— Demande à cette traîtresse, répliqua le Lancier en indiquant une fille prosternée devant le roi, dans une posture de crainte abjecte, et Kull reconnut celle qui l'avait envoyé chez Tuzun Thune. Comme j'entrais, je t'ai vu te fondre dans le miroir comme de la fumée disparaît dans le ciel. Par Valka ! Si je ne l'avais vu de mes yeux, je n'y croirais pas... Tu avais presque disparu quand mon cri t'a ramené.

— Oui, murmura Kull. J'avais presque franchi la porte, cette fois.

— Ce monstre était rusé ! reprit Brule. Ne comprends-tu pas, Kull, comment il a tissé et jeté sur toi un voile de magie ? Kaanuub de Blaal a comploté avec ce magicien pour se débarrasser de toi, et cette fille, une descendante de la Race Antique, a insinué dans ton esprit l'idée de venir ici. Le conseiller Kananu a appris le complot aujourd'hui même ; je ne sais ce que tu as vu dans ce miroir, mais grâce à lui Tuzun Thune a envoûté ton âme et a failli au moyen de ses sortilèges transformer ton corps en fumée...

— Vraiment, souffla Kull, qui n'était pas encore revenu de sa stupeur. Mais étant un magicien, connaissant tout le savoir des âges et méprisant l'or, la gloire et la puissance, que pouvait-il demander ? Que pouvait donc offrir Kaanuub pour faire de Tuzun Thune un ignoble traître ?

— L'or, la gloire et la puissance, grommela Brule. Plus tôt tu apprendras que les hommes demeurent des hommes, qu'ils soient mages, rois ou serfs, plus tôt tu sauras régner avec sagesse, Kull. Et maintenant, que faisons-nous d'elle ?

— Rien, Brule, répondit le roi tandis que la fille sanglotait à ses pieds. Elle n'a été qu'un instrument. Lève-toi, petite, et va. Nul ne te fera de mal.

Seul avec Brule, Kull contempla une dernière fois les miroirs de Tuzun Thune.

— Peut-être a-t-il comploté, Brule, je ne doute pas de ta parole mais... était-ce sa sorcellerie qui me transformait en fumée, ou bien avais-je failli découvrir un secret ? Si tu ne m'avais pas ramené, si je m'étais fondu dans le miroir, n'aurais-je pas découvert d'autres mondes ?

Brule jeta un coup d'œil aux glaces et haussa les épaules, en réprimant un frisson.

— Tuzun Thune a emmagasiné ici le savoir de tous les enfers. Partons, Kull, avant que je sois ensorcelé moi aussi.

— Partons, répondit Kull et, côte à côte, ils quittèrent la Maison des Mille Miroirs où, peut-être, étaient emprisonnées les âmes des hommes.

Plus personne aujourd'hui ne se mire dans les miroirs de Tuzun Thune. Les embarcations de plaisir évitent la rive où se dresse la maison du magicien et nul ne s'y aventure, nul n'ose pénétrer dans la salle où la carcasse desséchée et putréfiée de Tuzun Thune gît devant les miroirs de l'illusion. C'est un lieu maudit et, si cette maison doit se dresser encore pendant mille ans, aucun pas n'y réveillera jamais d'échos. Cependant, Kull médite souvent sur son trône en songeant à l'étrange savoir et aux mystérieux secrets qui y sont enfouis, et il se pose des questions...

Car il y a des mondes au-delà des mondes, Kull le sait. Que le mage l'ait ensorcelé avec des paroles ou par la magie de l'hypnotisme, des panoramas étranges se sont déroulés devant les yeux du roi, au-delà de cette porte magique, et Kull est moins certain de la réalité depuis qu'il a plongé le regard dans les miroirs de Tuzun Thune.

1929

Stanley G. WEINBAUM

L'odyssée martienne

Le présent texte est paru dans le numéro de juillet 1934 de Wonder Stories, *et Hugo Gernsback présenta ainsi son auteur, Stanley Weinbaum (1902-1935) : « Ce nouvel écrivain nous donne ici un texte si nouveau, si délicat, qu'il domine de la tête et des épaules tout autre récit situé sur une autre planète. Le simple fait qu'il laisse le lecteur dans l'incertitude n'est pas un de ses moindres attraits, ceci ajouté à la légèreté du style le rend encore plus charmant. »*

Aujourd'hui encore cette nouvelle est considérée comme un des textes fondateurs de la science-fiction classique. Seule la mort prématurée de Weinbaum, d'un cancer du poumon, l'empêcha de figurer aux côtés des grands de la S-F des années 1940. Ses pairs l'accueillirent comme un maître dès ce premier texte. Lovecraft écrivit à son propos : « Enfin un auteur qui a suffisamment d'imagination pour envisager des situations, des psychologies et des entités complètement étrangères à l'homme, pour créer des événements vraisemblables pour des motifs également étrangers, et pour proscrire toutes ces péripéties triviales auxquelles ont recours les pulps *d'aventure. »*

Pourtant Weinbaum, dont les premiers essais d'écriture remontent à 1921, ne parvint à se faire publier qu'en 1934. Sa carrière ne s'étendit donc que sur deux ans à peine, avec cependant un certain nombre de parutions posthumes dont celle de son roman La Flamme noire.

L'odyssée martienne *est un texte-charnière dans l'histoire de la S-F car c'est le premier récit qui décrit sans la moindre trace d'anthropomorphisme une créature extraterrestre pensante et amicale.*

Jarvis s'étira aussi voluptueusement qu'il le pouvait dans le carré exigu de l'*Arès*.

— De l'air qu'on peut respirer ! exulta-t-il. Il semble aussi épais que de la soupe après ce truc raréfié qu'il y a là-dehors.

De la tête, il indiqua le paysage martien qui s'étendait, plat et désolé, à la lueur de la lune la plus proche, au-delà du hublot.

Les trois autres compatirent : Putz le mécanicien, Leroy le biologiste, et Harrison l'astronome, capitaine de l'expédition. Dick Jarvis était le chimiste de la célèbre équipe, l'expédition *Arès*, les premiers êtres humains à mettre le pied sur la mystérieuse voisine de la Terre, la planète Mars. Cela, bien entendu, se passait autrefois, moins de vingt ans après que Doheny, l'Américain fou, eut réussi l'explosion atomique au prix de sa vie, et une décennie seulement après le voyage de cet autre fou de Cardoza sur la Lune. Ils étaient de véritables pionniers, ces quatre compagnons de l'*Arès*. À part une demi-douzaine d'expéditions vers la Lune et le malheureux vol de De Lancey expédié vers la séduisante orbite de Vénus, ils étaient les premiers hommes à sentir une gravité autre que celle de la Terre, et certainement le premier équipage à réussir à quitter le système Terre-Lune. Et ils méritaient bien ce succès si l'on considère les difficultés et l'inconfort, les mois passés dans des salles d'acclimatation sur Terre, à apprendre à respirer un air aussi ténu que celui de Mars, le défi au vide dans la minuscule fusée propulsée par les moteurs à réaction poussifs du XXIe siècle et, surtout, le courage d'affronter un monde absolument inconnu.

Jarvis s'étira et gratta le bout pelé et à vif de son nez gelé. Il poussa un soupir de satisfaction.

— Eh bien ! lança soudain Harrison. Allons-nous enfin savoir ce qui s'est passé ? Tu pars bien équipé dans une fusée auxiliaire, nous n'avons aucune nouvelle pendant dix jours, et finalement Putz te ramasse dans une espèce de fourmilière cinglée avec une autruche dingue comme copain ! Accouche, mon vieux !

— Accouche ? demanda Putz, perplexe. Qu'est-ce que c'est pour un mot, ça ?

— Il veut dire raconte, expliqua Leroy. *Spiel*, quoi.

Jarvis croisa le regard de Harrison, avec l'ombre d'un sourire.

— C'est ça, Karl, déclara-t-il gravement. *Ich spiel es !*

Il poussa un petit grognement d'aise et entama son récit :

— Selon les ordres, j'ai observé Karl qui partait vers le nord, et puis je suis monté dans mon bain de vapeur volant et j'ai mis le cap au sud. Tu te souviens, capitaine, nous avions l'ordre de ne pas nous poser mais de survoler en cherchant des trucs intéressants. J'ai mis en marche les deux caméras et j'ai pris une certaine altitude, environ deux mille pieds, pour diverses raisons. D'abord, ça donnait un plus grand champ aux caméras, et ensuite les jets inférieurs portent si loin dans ce demi-vide qui passe ici pour de l'air qu'ils soulèvent un tas de poussière quand on vole trop bas.

— Putz nous a déjà expliqué tout ça, grogna Harrison. Mais j'aurais bien aimé que tu conserves les films, tout de même. Ils auraient payé les frais de cette petite excursion ; rappelle-toi comment le public s'est précipité aux premiers films de la Lune !

— Les pellicules sont saines et sauves, rétorqua Jarvis. Bref, comme je disais, je volais, peinard, à une bonne vitesse de croisière ; comme nous l'avions pensé, les ailes ne sont guère porteuses dans cet air-là à moins de deux cents à l'heure, et même alors j'ai dû utiliser les jets inférieurs.

« Donc, entre la vitesse et l'altitude, et les turbulences provoquées par les jets, la visibilité n'était pas trop bonne. Mais j'y voyais assez pour distinguer que ce que je survolais ce n'était encore que cette plaine grise que nous avons examinée toute la semaine depuis notre atterrissage, les mêmes touffes de végétation, le même tapis de petites plantes-animales grouillantes, des biopodes comme les appelle Leroy. Alors je volais donc, en donnant ma position toutes les heures comme prévu, sans savoir si vous m'entendiez ou non.

— Moi, je t'ai entendu, déclara Harrison.

— À deux cent cinquante kilomètres au sud, poursuivit imperturbablement Jarvis, le sol s'est transformé, pour devenir une espèce de plateau peu élevé, rien que du désert et du sable orangé. Je me suis dit que nous avions bien deviné, et que cette plaine grise où nous nous sommes posés était bien la Mare Cimmerium, et par conséquent mon désert orangé devait être la région appelée Xanthus. Si je ne me trompais pas, je devais apercevoir une nouvelle plaine grise, la Mare Chronium, au bout de deux ou trois cents kilomètres, et puis un autre désert orangé, Thyle I ou II. Ce qui arriva.

— Putz a vérifié notre position il y a dix jours ! grommela le capitaine. Au fait, au fait !

— J'y viens. À une cinquantaine de kilomètres au-dessus de Thyle, tu me croiras si tu veux, j'ai survolé un canal !

— Putz en a photographié des centaines ! Tu n'as rien de plus neuf ?

— Et il a vu aussi une ville ?

— Des dizaines, si tu appelles villes ces tas de boue.

— Bon, alors maintenant je vais un peu parler de trucs que Putz n'a pas vus, reprit Jarvis en frottant son nez picotant. Je savais que j'avais seize heures de jour en cette saison, alors à huit heures d'ici, près de quinze cents kilomètres, j'ai décidé de faire demi-tour. J'étais encore au-dessus de Thyle, I ou II je ne sais pas trop, à pas plus de quarante kilomètres de la plaine quand, brusquement, le moteur favori de Putz m'a lâché.

— Lâché ? Comment ? protesta Putz.

— La poussée atomique a faibli. J'ai commencé à perdre de l'altitude, tout de suite, et soudain je suis tombé avec une bonne secousse en plein milieu de Thyle ! Et je me suis écrasé le nez contre la vitre, même !

Jarvis frotta derechef l'appendice endolori.

— Tu as peut-être voulu, avec de l'acide sulfurique, la chambre de combustion laver ? s'enquit Putz. Parfois le plomb provoque une radiation secondaire...

— Mais non ! s'exclama Jarvis. Je n'irais jamais faire ça... pas plus de dix fois ! D'ailleurs, le choc avait aplati le train d'atterrissage et bousillé les jets inférieurs. En supposant que je puisse remettre le bidule en marche... quoi ? Quinze kilomètres avec le jet sortant tout droit du fond et j'aurais fondu le plancher sous mes pieds ! Une chance pour moi qu'un kilo ne pèse pas plus de trois cents grammes par ici, sans quoi j'aurais été aplati comme une crêpe !

— J'aurais pu réparer ! s'exclama le mécanicien. Je parie que sérieux ce n'était pas !

— Sans doute pas, répliqua ironiquement Jarvis, seulement le truc ne voulait plus voler. Rien de sérieux, mais j'avais le choix entre attendre d'être ramassé ou me taper le retour à pied, près de quinze cents kilomètres et vingt jours peut-être, avant que nous soyons obligés de partir ! Soixante-dix bornes par jour ! Ma foi, j'ai choisi de marcher. J'avais autant de chances d'être retrouvé et au moins ça m'occupait.

— Nous t'aurions trouvé, assura Harrison.

— Je n'en doute pas. Bref, je me suis trafiqué un harnais avec des ceintures de sécurité, et je me suis collé la citerne d'eau sur le dos, j'ai emporté une cartouchière, le revolver, des rations de fer et je suis parti.

— La citerne ! s'exclama Leroy, le petit biologiste. Elle pèse un quart de tonne !

— Elle n'était pas pleine. Elle faisait dans les cent, cent vingt kilos poids terrestre, ce qui n'en fait que quarante ici. Mes cent kilos à moi n'en font que trente-cinq sur Mars ; alors, citerne comprise, le total ne se montait guère qu'à soixante-dix kilos, trente de moins que mon poids normal sur Terre. J'ai calculé tout ça avant d'entreprendre la balade quotidienne de soixante-dix kilomètres. Ah, aussi, j'avais naturellement emporté un sac de couchage thermique pour ces nuits martiennes glaciales.

« Et je suis parti, d'un bon pas rapide. Huit heures de jour permettaient de couvrir plus de quarante bornes. Bien sûr, ça devenait lassant, à la longue, de marcher dans ce désert, sur ce sable mou, sans rien à voir, pas même les biopodes grouillants de Leroy. Mais au bout d'une heure environ je suis arrivé au canal, un simple fossé à sec large d'environ cent mètres et droit comme une ligne de chemin de fer sur une carte. Mais il avait dû y avoir de l'eau dans le temps. Le fond était recouvert d'une belle pelouse verte, semblait-il. Seulement quand je me suis approché, la pelouse s'est vivement écartée de mon chemin !

— Hein ? fit Leroy.

— Ouais, c'était une cousine de tes biopodes. J'en ai attrapé un, un petit brin d'herbe long comme mon doigt avec deux fines pattes comme des tiges.

— Où est-il ? demanda avidement Leroy.

— Il est que je l'ai laissé filer ! Je ne pouvais pas rester là, alors j'ai continué de marcher, avec la pelouse ambulante qui s'écartait et se refermait derrière moi. Et puis j'ai retrouvé le désert orangé de Thyle.

« J'avançais posément, en maudissant le sable qui rendait la marche si fatigante, et, incidemment, maudissant ton foutu moteur, Karl. Juste avant le crépuscule j'ai atteint l'extrémité de Thyle, et j'ai vu devant moi s'étendre la Mare Chronium grise. Et je savais que j'avais plus de deux cents kilomètres à faire à pied là-dedans, et ensuite près de trois cents dans le désert Xanthus, et encore autant à peu près dans la Mare Cimmerium. Si j'étais content ? Je me suis mis à vous traiter de tous les noms, pour ne pas m'avoir ramassé !

— On essayait, bougre d'âne ! grogna Harrison.

— Ça me faisait une belle jambe. Ma foi, je me suis dit que ce que j'avais de mieux à faire, c'était de profiter de ce qui restait de jour pour descendre le long de cette falaise qui borde Thyle. J'ai trouvé un passage facile et je suis descendu. La Mare Chronium, c'est à peu près la même chose qu'ici, des plantes cinglées sans feuilles et des trucs rampants. J'y ai jeté un coup d'œil et j'ai déplié mon sac de couchage. Jusque-là, vous savez, je n'avais rien vu dans ce monde à moitié mort qui puisse m'inquiéter, rien de dangereux, quoi.

— Et ensuite ? demanda Harrison.

— *Ensuite !* Mais j'y arrive. J'allais donc me coucher quand soudain j'ai entendu un chambard à ne pas croire.

— *Was ist* chambard ? demanda Putz.

— Du raffut, expliqua Leroy.

— C'est ça, approuva Jarvis. Un raffut comme si une bande de corbeaux se gobergeaient d'un tas de canaris, des sifflements, des croassements, des claquements, des trilles, tout ce que vous pouvez imaginer. Je suis allé voir, j'ai contourné une espèce de buisson et je suis tombé sur Twill !

— Twill ? s'étonna Harrison.

— Twill ? firent en chœur Leroy et Putz.

— Cette espèce d'autruche, expliqua Jarvis. Du moins, Twill c'est ce qu'il y a de plus approchant et de prononçable. Lui, il disait quelque chose comme « Trrwirrll ».

— Qu'est-ce qu'il faisait ? demanda le capitaine.

— Il se faisait bouffer ! Et il gueulait, comme n'importe qui, c'était bien normal !

— Bouffer ! Par quoi ?

— J'ai découvert plus tard. Tout ce que je voyais, c'était un tas de bras noirs noueux emmêlés autour de ce qui ressemblait, comme l'a décrit Putz, à une autruche. Je n'avais aucune intention d'intervenir, bien sûr. Si les deux créatures étaient dangereuses, j'en aurais une de moins sur le dos.

« Mais l'espèce d'oiseau se défendait bien, portait méchamment des coups avec un bec de quarante centimètres, entre deux glapissements. Et d'ailleurs j'avais aperçu vaguement ce qu'il y avait au bout de ces bras ! (Jarvis frémit.) Mais ce qui m'a décidé, c'est le petit sac ou étui noir accroché au cou du truc-oiseau ! Il était intelligent ! Ou alors domestiqué. Toujours est-il que ça m'a décidé. J'ai dégainé mon automatique et j'ai tiré dans ce que je voyais de son adversaire.

« Il y a eu comme un envol de tentacules et un jet de puanteur noire, et puis la chose, dans un bruit de succion répugnant, s'est avalée avec ses bras dans un trou et a disparu sous terre. L'autre a émis une suite de claquements, a chancelé un peu sur des jambes minces comme des clubs de golf, et puis s'est retourné brusquement pour me faire face. J'avais l'arme au poing, et nous nous sommes dévisagés tous les deux.

« Le Martien n'était pas vraiment un oiseau. Il ne ressemblait même pas à un oiseau, sauf au premier abord. Il avait un bec, pas de doute, et quelques appendices emplumés, mais le bec n'en était pas vraiment un. Il était flexible ; je voyais le bout se balancer lentement de droite et de gauche ; si vous voulez, ça tenait le milieu entre un bec et une trompe. Le Martien avait des pieds à quatre orteils et des choses à quatre doigts, il faut bien les appeler des mains, je suppose, et un petit corps plutôt rond, et un long cou terminé par une petite tête... et ce bec. Il était un peu plus grand que moi et... Mais Putz l'a vu.

— *Ya !* J'ai vu !

— Donc, reprit Jarvis, nous nous dévisagions. Finalement, la créature s'est lancée dans toute une suite de claquements et de pépiements, et m'a tendu les deux mains, vides. J'ai pris ça pour un geste d'amitié.

— Peut-être, suggéra Harrison, il a regardé ton nez et s'est dit que vous étiez frères ?

— Ha ! Comme c'est drôle ! Quoi qu'il en soit, j'ai rengainé mon arme, et j'ai dit « Pensez donc, il n'y a pas de quoi » ou quelque chose comme ça, et le truc s'est avancé et nous avons été copains.

« À présent, le soleil était plutôt bas et je savais qu'il me faudrait faire un feu ou m'enfiler dans ma peau thermique. J'ai choisi le feu. J'ai repéré un coin à la base de la falaise de Thyle où la roche pourrait réverbérer un peu de chaleur sur mon dos. J'ai commencé à casser des bouts de cette végétation martienne desséchée, et mon copain a pigé le truc et m'en a apporté une brassée. J'ai pris mes allumettes mais le Martien a fouillé dans sa sacoche et il en a retiré un truc qui avait l'air d'un charbon ardent ; un simple geste et le feu s'est mis à flamber, et vous savez tous le mal que nous avons à allumer un feu dans cette atmosphère !

« Et cette sacoche, mes amis ! Un article manufacturé, tenez-vous bien ; on presse un bout et elle s'ouvre, on appuie sur le milieu et elle se ferme si hermétiquement qu'on ne voit même pas la fermeture. Mieux qu'un zip !

« Là-dessus, nous avons contemplé notre feu un moment, et puis j'ai voulu tenter de communiquer avec ce Martien. Je me suis désigné et j'ai dit "Dick". Il a tout de suite compris, il a tendu vers moi une patte osseuse et a répété "Tick". Puis je l'ai désigné, lui, et il a émis ce sifflement que j'appelle Twill ; je ne peux pas reproduire son accent. Ça marchait au poil. Pour bien insister sur les noms, j'ai répété "Dick" et puis, en le montrant, "Twill".

« Et nous sommes restés coincés ! Il m'a adressé quelques claquements qui m'ont semblé négatifs, et il a dit quelque chose comme "P-p-p-rout". Et ce n'était que le commencement. J'étais toujours "Tick" mais quant à lui... tantôt il était "Twill" et tantôt "P-p-p-rout", et tantôt trente-six autres bruits !

« Nous ne parvenions pas à communiquer. J'ai essayé "pierre", et puis "étoile", "arbre" et "feu", et Dieu sait quoi encore, et j'avais beau faire, je ne pouvais lui soutirer un seul mot ! Rien n'était pareil durant deux minutes, et si ça c'est un langage, alors je suis alchimiste ! Finalement j'ai renoncé et je l'ai appelé Twill et ça paraissait faire l'affaire.

« Mais Twill avait saisi quelques-uns de mes mots. Il en avait retenu deux ou trois, ce qui est un exploit, je suppose, si l'on a l'habitude d'un langage qu'on doit inventer au fur et à mesure. Mais moi je ne comprenais rien de ce qu'il disait. Ou bien quelque chose de subtil m'avait échappé ou alors nous ne *pensions* pas de la même façon, et je pencherais plutôt pour ça.

« J'ai d'autres raisons de le penser. Au bout d'un moment j'ai renoncé à cette histoire de langage et j'ai essayé la mathématique. J'ai écrit sur le sable deux plus deux égale quatre, et j'ai fait la démonstration avec des cailloux. Encore une fois, Twill a pigé tout de suite et m'a informé que trois plus trois égale six. À nouveau, nous avions l'air de progresser.

« Alors, sachant que Twill avait au moins une instruction primaire, j'ai dessiné un cercle représentant le soleil, je l'ai désigné et puis j'ai indiqué les derniers rayons du soleil. Après quoi j'ai dessiné Mercure, et Vénus, et notre bonne Terre et Mars, et finalement, indiquant Mars, j'ai fait un large geste du bras, embrassant tout le paysage, pour expliquer que Mars était le lieu où nous nous trouvions. Tout ça pour commencer à lui expliquer que je venais de la Terre.

« Twill a fort bien compris mon croquis. Il a pointé son bec dessus et, à grand renfort de trilles et de caquètements, il a ajouté Deinos et Phobos à Mars, et puis il a dessiné la Lune de la Terre !

« Vous voyez ce que ça prouve ? Ça prouve que la race de Twill utilise des télescopes... qu'elle est civilisée !

— Pas du tout ! protesta Harrison. La Lune est visible d'ici comme une étoile de cinquième grandeur. Ils peuvent suivre sa révolution à l'œil nu.

— La Lune, oui, contra Jarvis, mais tu n'as rien compris. Mercure n'est pas visible ! Et Twill connaissait Mercure parce qu'il a placé la Lune à la *troisième* planète, pas à la deuxième. S'il avait ignoré Mercure, il aurait placé la Terre en deuxième position et Mars en troisième au lieu de la quatrième ! Tu vois ?

— Hum, fit Harrison.

— Quoi qu'il en soit, reprit Jarvis, j'ai continué ma leçon. Tout se passait bien et j'avais l'impression que je parviendrais à m'expliquer. J'ai montré la Terre sur mon croquis, et puis moi, et pour plus de sûreté moi et puis la Terre elle-même brillant d'un vert éblouissant presque au zénith.

« Twill s'est lancé dans un caquet tellement surexcité que j'étais certain qu'il avait pigé. Il s'est mis à sauter sur place et soudain il s'est désigné lui-même, et puis le ciel, et lui, et le ciel. Il a montré son ventre et puis Arcturus, sa tête et puis Spica, ses pieds et une demi-douzaine d'étoiles, pendant que je le contemplais bouche bée. Finalement, il a fait un bond prodigieux. Quel saut, mes amis ! Il a bondi tout droit dans les airs, à vingt-cinq mètres au moins ! Je l'ai vu se silhouetter contre le ciel étoilé, faire une cabriole et redescendre sur moi la tête la première, pour atterrir sur son bec comme un javelot ! En plein dans le centre de mon soleil tracé sur le sable ! Pan dans le mille !

— Dingue, observa le capitaine. Complètement dingue !

— C'est ce que j'ai pensé aussi ! Je l'ai regardé, les yeux ronds, pendant qu'il extirpait sa tête du sable et se redressait. Là-dessus, je me suis dit qu'il n'avait pas compris où je voulais en venir et j'ai recommencé toutes mes salades et ça s'est terminé de la même façon, avec le nez de Twill en plein milieu de mon dessin !

— C'est peut-être un rite religieux ? hasarda Harrison.

— Peut-être, dit Jarvis sans conviction. Enfin voilà. Nous pouvions échanger des idées jusqu'à un certain point et puis... plus rien ! Quelque chose en nous était différent, sans rapport ; je suis à peu près sûr que Twill me trouvait aussi cinglé que je le pensais de lui. Nos deux esprits considéraient tout simplement le monde de deux points de vue différents, et peut-être son point de vue est-il aussi valable que le nôtre. Mais... nous ne pouvions pas communiquer, voilà tout. Cependant, en dépit de toutes les difficultés, j'aimais bien Twill, et j'ai l'impression bizarre que je lui plaisais bien aussi.

— Dingues ! répéta le capitaine. Tout simplement déments !

— Ah oui ? Attends un peu !... Deux ou trois fois, j'ai pensé que peut-être nous... Enfin, bref, j'ai finalement renoncé, et je me suis fourré dans ma peau thermique pour dormir. Le feu ne m'avait pas tellement réchauffé mais ce foutu sac de couchage y a bien réussi. Cinq minutes après m'y être enfermé, j'étouffais. J'ai ouvert un tout petit peu et vlan ! Une bouffée d'air à moins soixante et quelques m'a frappé le nez, et c'est là que j'ai eu ce plaisant petit coup de gel pour ajouter à la bosse récoltée dans l'écrasement de ma fusée.

« Je ne sais pas ce que Twill a pu penser de mon sommeil. Il est resté assis là mais, quand je me suis réveillé, il était parti. Je venais de m'extirper de mon sac quand j'ai entendu pépier, et puis je l'ai vu arriver, plongeant du haut de cette falaise de Thyle pour atterrir sur son bec à côté de moi. Je me suis indiqué et j'ai montré le nord, et il s'est montré lui-même, puis le sud et, quand j'ai repris mon chargement et que je suis reparti, il m'a suivi.

« Bon Dieu, comme il avançait ! Cinquante mètres d'un seul bond, à voler dans l'air allongé et droit comme une lance, pour atterrir sur le bec. Il paraissait surpris de me voir marcher, mais au bout d'un moment il est venu à mes côtés, à mon allure, seulement toutes les cinq minutes il repartait d'un bond pour fourrer son bec dans le sable à plus de cinquante mètres devant moi. Et puis il revenait comme un dard ; au début, ça m'inquiétait un peu de voir ce bec me viser comme une sagaie, mais toujours il atterrissait dans le sable à côté de moi.

« Donc nous nous traînions tous les deux à travers la Mare Chronium. Le même genre d'endroit qu'ici, les mêmes plantes folles et les mêmes petits biopodes verts croissant dans le sable ou rampant pour s'écarter de votre chemin. Nous bavardions... sans nous comprendre, bien sûr, mais histoire de nous tenir compagnie. J'ai chanté des chansons et je crois que Twill aussi ; du moins certains de ses trilles et de ses pépiements avaient une espèce de cadence subtile.

« Et puis, pour changer un peu, Twill faisait une démonstration des quelques mots d'anglais qu'il savait. Il montrait un éperon rocheux et disait "pierre" et puis désignait un caillou et répétait "pierre" ; ou bien il me touchait le bras et disait "Tick" et puis le répétait. Il semblait follement amusé de ce que le même mot puisse signifier la même chose deux fois de suite, ou que le même mot s'applique à deux objets différents. Cela me donna à penser, me fit me demander si son langage n'était pas comme la langue primitive de certaines peuplades terrestres, vous savez, comme les Négritos, par exemple, qui n'ont pas de mots génériques. Pas de mots pour désigner l'eau ou l'alimentation ou l'homme... pour la bonne et la mauvaise nourriture, oui, ou l'eau de pluie et l'eau de mer, ou un homme fort et un homme faible, mais pas de noms pour les généralités. Ils sont trop primitifs pour comprendre que l'eau de pluie et l'eau de mer sont simplement des aspects différents d'une même chose. Mais ce n'était pas le cas de Twill ; c'était tout simplement que nous étions mystérieusement différents, nos esprits étrangers l'un à l'autre. Et pourtant... nous nous aimions bien !

— Cinglés, c'est tout, observa Harrison. Qui se ressemble s'assemble. C'est pourquoi vous vous plaisiez tant.

— Toi aussi, tu me plais, rétorqua Jarvis en riant. Mais quoi qu'il en soit, n'allez surtout pas croire que Twill n'avait pas toute sa tête. En fait, je me demande s'il ne serait pas capable d'enseigner une chose ou deux à notre intelligence humaine tant vantée. Oh, ce n'était pas un superman intellectuel, sans doute, mais n'oubliez pas qu'il a réussi à comprendre un peu de ma tournure d'esprit et que je n'ai pas pu me faire la moindre idée de la sienne !

— Parce qu'il n'en avait pas ? supposa le capitaine tandis que Putz et Leroy clignaient des yeux, perplexes.

— Tu pourras en juger quand j'aurai fini, déclara Jarvis. Nous avons donc marché toute la journée pour traverser la Mare Chronium, et toute la journée du lendemain. Mare Chronium... la Mer du Temps ! Je vous jure, à la fin de cette marche, j'étais prêt à être d'accord sur le nom que Schiaparelli a imaginé ! Rien que cette interminable plaine grise pleine de plantes étranges, et jamais le moindre signe d'autre vie. C'était tellement monotone que j'ai même été ravi d'apercevoir le désert de Xanthus vers le soir du deuxième jour.

« J'étais épuisé mais Twill me paraissait toujours en pleine forme et pourtant je ne l'avais jamais vu boire ni manger. Je crois qu'il aurait pu traverser la Mare Chronium en une heure ou deux avec ses grands plongeons en piqué, mais il restait près de moi. Une ou deux fois, je lui ai offert de l'eau ; il a pris le gobelet et me l'a rendu gravement.

« Juste au moment où nous apercevions Xanthus, ou plutôt les falaises qui le bordent, un de ces méchants nuages de sable est arrivé, pas aussi grave que la tempête que nous avons eue ici mais salement mauvais à avoir dans le nez. J'ai remonté devant ma figure le rabat transparent de mon thermo-sac et je me suis assez bien débrouillé, et j'ai remarqué que Twill utilisait divers appendices emplumés poussant comme une moustache sous son bec pour se couvrir les narines, et un duvet semblable pour s'abriter les yeux.

— C'est une créature du désert ! s'exclama Leroy, le petit biologiste.

— Ah oui ? Pourquoi ?

— Il ne boit pas d'eau, il est équipé contre les tempêtes de sable...

— Ça ne prouve rien ! Il n'y a pas assez d'eau à gaspiller sur cette pilule déshydratée qu'on appelle Mars. Sur la Terre, nous l'appellerions un désert, tout le bazar, tu sais... Bref, la tempête de sable calmée, un vent léger a continué de nous souffler dans le nez, mais pas assez violent pour soulever le sable. Mais soudain nous avons vu dévaler des choses, le long des falaises de Xanthus, des espèces de petites sphères transparentes, qui avaient tout l'air de balles de tennis en verre ! Mais légères... presque assez légères pour flotter dans cet air raréfié, et vides, aussi ; du moins j'en ai cassé deux ou trois et rien n'en est sorti à part une odeur nauséabonde. J'ai interrogé Twill mais il a simplement répondu « Non, non, non » et j'en ai conclu qu'il ne savait pas non plus ce que c'était. Alors nous les avons laissées rouler et bondir comme des bulles de savon et nous avons repris notre marche vers Xanthus. Twill m'a désigné une fois une des balles de cristal en disant « pierre » mais j'étais trop fatigué pour discuter avec lui. Par la suite, j'ai découvert ce qu'il avait voulu dire.

« Nous sommes finalement arrivés au pied des falaises de Xanthus, alors que le jour tombait. J'ai décidé de dormir sur le plateau, si possible ; je raisonnais que les choses dangereuses devaient plus probablement rôder au travers de la végétation de la Mare Chronium plutôt que dans les sables de Xanthus. Notez que je n'avais encore rien vu de menaçant, à part la chose noire aux bras de corde qui avait pris Twill au piège, et apparemment elle ne rôdait pas du tout mais attirait ses victimes à sa portée. Elle ne pourrait pas m'attirer pendant mon sommeil, d'autant que Twill semblait ne jamais dormir mais restait simplement assis, patiemment, toute la nuit. Je me demandais comment la créature avait réussi à faire tomber Twill dans son piège, mais je n'avais aucun moyen de le lui demander. J'ai découvert ça par la suite, aussi, et c'est diabolique !

« Nous avons longé le pied de la falaise pour chercher un endroit facile à escalader. Moi, tout au moins ! Twill aurait pu facilement sauter au sommet, car les falaises étaient moins hautes qu'à Thyle, pas plus de vingt mètres, je pense. J'ai trouvé un passage et j'ai commencé à grimper, en invectivant la citerne d'eau collée sur mon dos – elle ne me gênait que lorsque je grimpais – et soudain j'ai entendu un son que j'ai cru reconnaître !

« Vous savez comme les sons peuvent être trompeurs dans cette atmosphère raréfiée. Une détonation ressemble au bruit d'un bouchon. Mais ce bruit-là était le bourdonnement d'une fusée et, pas de doute, voilà que notre seconde auxiliaire est passée à une quinzaine de kilomètres vers l'ouest, entre moi et le coucher de soleil !

— C'était moi ! s'écria Putz. Je te cherchais.

— Ouais, je sais, mais à quoi ça m'a servi ? Je me suis cramponné d'une main à la falaise et j'ai agité l'autre bras et j'ai hurlé. Twill avait vu la fusée aussi et il s'était mis à pépier et à glapir, en bondissant au sommet pour y faire des sauts prodigieux tout droit en l'air. Et puis j'ai vu l'appareil se perdre dans les ombres du crépuscule, au sud.

« Je suis arrivé au sommet de la falaise, tant bien que mal. Twill tendait toujours le bras, il pépiait avec excitation et faisait des bonds pour retomber pile sur le bec dans le sable. Je lui ai montré le sud, puis je me suis désigné et il a dit "Oui, oui, oui", mais j'ai cru comprendre qu'il pensait que la chose volante était un parent à moi. J'étais peut-être injuste pour son intellect ; j'ai tendance à en être sûr, à présent.

« J'avais été amèrement déçu de n'avoir pu attirer l'attention. J'ai déplié mon sac thermique et je m'y suis glissé, car le froid de la nuit tombait déjà. Twill a enfoncé son bec dans le sable et a ramené ses jambes et ses bras ; il avait tout l'air d'un de ces buissons sans feuilles qu'il y a partout. Je crois qu'il est resté toute la nuit dans cette position.

— Mimétisme protecteur ! s'exclama Leroy. Voyez ? C'est une créature du désert !

— Dans la matinée, reprit Jarvis, nous sommes repartis. Nous n'avions pas fait cent mètres dans le désert de Xanthus que j'ai aperçu quelque chose de bizarre ! C'est un truc que Putz n'a pas photographié, je parie !

« C'était un alignement de petites pyramides, minuscules, pas plus de dix à douze centimètres de haut, s'étendant en travers de Xanthus à perte de vue ! De petits bâtiments faits de briques naines, creux à l'intérieur et tronqués, ou du moins cassés au sommet, et vides. Je les ai montrés à Twill en disant "Quoi ?" mais il m'a répondu par des pépiements négatifs pour indiquer, je suppose, qu'il n'en savait pas plus que moi. Alors nous avons avancé, en suivant la rangée de pyramides parce qu'elles s'étendaient vers le nord et que c'était par là que je me dirigeais.

« Mes amis ! Pendant des heures nous avons longé cet alignement ! Au bout d'un moment, j'ai remarqué un détail bizarre : elles devenaient plus grandes. Elles avaient toujours le même nombre de briques, mais ces briques étaient plus grandes.

« À midi, elles nous arrivaient à l'épaule. J'ai regardé à l'intérieur de deux ou trois... toutes pareilles, cassées au sommet et vides. J'ai examiné aussi quelques briques ; c'était de la silice, et aussi vieille que la création ! Elles étaient érodées, les angles émoussés. La silice ne s'use pas facilement, même sur la Terre, alors dans ce climat... !

— Quel âge, à ton avis ?

— Cinquante mille, cent mille ans. Comment veux-tu que je le sache ? Les plus petites que nous avions vues dans la matinée étaient plus vieilles, peut-être dix fois plus vieilles. Elles s'émiettaient. Ça leur donnerait quel âge, ça ? Un demi-million d'années ? Qui peut savoir ?

Jarvis s'interrompit un moment, puis il poursuivit :

— Bref, nous avons suivi l'alignement. Twill m'a désigné les pyramides deux ou trois fois en disant « pierre » mais ce n'était pas nouveau. D'ailleurs, cette fois il avait plus ou moins raison.

« J'ai essayé de l'interroger. Je lui ai désigné une pyramide en demandant "Des gens ?" et en nous montrant tous les deux. Il a caqueté sur un ton négatif et il a dit "Non, non, non. Pas un-un-deux, pas deux-deux-quatre", tout en se frottant le ventre. Je l'ai regardé bouche bée, et il a remis ça : "Pas un-un-deux, pas deux-deux-quatre", et moi j'ouvrais des yeux ronds.

— C'est bien la preuve ! s'écria Harrison. Dingue en plein !

— Tu crois ça, hein ? rétorqua ironiquement Jarvis. Eh bien moi, j'ai compris autre chose ! « Pas un-un-deux ». Tu ne piges pas, hein ?

— Non. Et toi non plus !

— Je crois que si ! Twill employait les quelques mots qu'il avait appris pour m'exposer une idée très complexe. La mathématique, dis-moi, ça te fait penser à quoi ?

— Ma foi... à l'astronomie. Ou... ou à la logique.

— Tout juste ! « Pas un-un-deux » ! Twill m'expliquait que les bâtisseurs de pyramides n'étaient pas des êtres, ou qu'ils n'étaient pas intelligents, que ce n'étaient pas des créatures douées de raison ! Tu y es ?

— Par exemple ! Je veux bien être damné !

— Tu le seras sans doute.

— Pourquoi, demanda Leroy, se frottait-il le ventre ?

— Pourquoi ? Parce que, mon cher biologiste, c'est là qu'est son cerveau ! Pas dans sa petite tête, dans le milieu de son corps !

— Impossible !

— Sur Mars, tout est possible. Cette flore et cette faune ne sont pas terrestres ; tes biopodes le prouvent !

Jarvis sourit triomphalement et reprit son récit :

— Bref, nous avons continué de marcher à travers Xanthus et, vers le milieu de l'après-midi, il s'est passé quelque chose de bizarre. Plus de pyramides.

— Plus de... ?

— Ouais. Elles finissaient là. Et le plus curieux, c'est que la dernière – et à présent elles avaient plus de deux mètres de haut – était fermée ! Voyez ? La bestiole ou je ne sais quoi qui l'avait construite se trouvait encore à l'intérieur ; nous les avions suivies depuis leur origine d'un demi-million d'années jusqu'au présent.

« Twill et moi, nous l'avons remarquée en même temps. J'ai dégainé mon automatique (j'avais un chargeur de balles explosives Boland dedans) et Twill, rapide comme un prestidigitateur, a tiré de son sac un drôle de petit revolver en verre. Il ressemblait assez aux nôtres, sauf que la crosse était plus grande pour convenir à sa main à quatre griffes. Et nous avons longé, l'arme au poing, l'alignement de pyramides vides.

« Twill fut le premier à distinguer le mouvement. La plus haute couche de briques se soulevait, se secouait et soudain elles ont glissé le long des parois avec un petit bruit sec. Et puis quelque chose... quelque chose est sorti !

« Un long bras gris argent est apparu, traînant après lui un corps blindé. Blindé, quoi, avec des écailles gris argent vaguement brillantes. Le bras a extirpé le corps du trou ; la bête est tombée sur le sable.

« C'était une créature indescriptible, le corps comme un gros fût gris, le bras, et une espèce de bouche ouverte à une extrémité ; une queue raide et pointue de l'autre, et c'est tout. Pas d'autres membres, pas d'yeux, d'oreilles ni de nez, rien ! La chose s'est traînée sur quelques mètres, a fourré sa queue pointue dans le sable, s'est redressée et elle est restée là, comme ça.

« Twill et moi l'avons observée pendant dix minutes avant qu'elle bouge. Alors, avec des craquements et des froissements comme... ma foi, comme si on froissait du papier épais, le bras s'est glissé vers la bouche ouverte et en a retiré une brique ! Le bras a posé la brique avec soin sur le sol et la chose a repris son immobilité.

« Encore dix minutes, et une autre brique. Tout simplement un des maçons de la Nature. J'allais m'éloigner et repartir quand Twill m'a désigné la chose et a dit “pierre”. J'ai fait “hein ?” et il a répété “pierre”. Et puis, sur un accompagnement de trilles, il a dit “non, non” et a respiré deux ou trois fois en sifflant.

« Eh bien j'ai compris, par extraordinaire ! J'ai demandé : “Ça ne respire pas ?” en faisant une démonstration. Twill était fou de joie ; il a glapi : “Oui, oui, oui. Respire pas ! Non, non !” Et là-dessus il fait un de ses bonds et s'en va atterrir sur le nez à un pas du monstre !

« J'étais suffoqué, vous pensez bien ! Le bras se tendait pour prendre une brique et je m'attendais à voir Twill saisi et malmené, mais... il ne s'est rien passé. Twill a tapé sur la créature et le bras a pris la brique et l'a posée bien proprement à côté des deux autres. De nouveau, Twill a frappé sur le corps, en disant "pierre", et j'ai finalement eu le courage d'aller y voir par moi-même. Twill avait raison, encore une fois. La créature était bien en pierre, et elle ne respirait pas !

— Comment le sais-tu ? demanda Leroy, ses yeux noirs brillants de curiosité.

— Parce que je suis chimiste. La bête était en silice. Il avait dû y avoir de la silice pure dans le sable, et elle vivait de ça. Tu comprends ? Nous autres, et Twill, et ces plantes là-dehors et même les biopodes sont de la vie *carbonique* ; cette chose vivait selon une suite de réactions chimiques différentes. Une vie silicieuse !

— Une vie silicieuse ! répéta Leroy, médusé. Je l'avais soupçonné et maintenant voilà la preuve ! Il faut que j'aille voir ! Je veux voir...

— D'accord, d'accord, interrompit Jarvis, tu iras voir. Mais laisse-moi continuer. Donc, la chose était là, vivante et cependant pas vivante, bougeant toutes les dix minutes et seulement pour retirer une brique. Ces briques-là étaient ses déchets. Tu y es, Frenchy ? Nous sommes carboniques, et nos déchets sont de l'oxyde de carbone, et cette chose est silicieuse, par conséquent ses déchets sont des silicones, de la silice. Mais la silice est un solide, d'où les briques. Et elle s'enferme et puis, quand elle est recouverte, elle change de place et recommence. Pas étonnant qu'elle craquait ! Une créature vivante d'un demi-million d'années !

— Comment le sais-tu ? Son âge ? cria Leroy au comble de la surexcitation.

— Nous avons suivi ses pyramides depuis le commencement, n'est-ce pas ? Si cette chose n'était pas le bâtisseur de pyramides originel, l'alignement se serait interrompu quelque part, avant que nous la trouvions, pas vrai ? Il se serait terminé et un autre aurait commencé, par de toutes petites pyramides. C'est simple, il me semble !

« Mais elle se reproduit, ou elle essaye. Avant l'apparition d'une nouvelle brique, il y a eu un léger froissement et nous avons vu jaillir tout un chapelet de ces petites balles de cristal. C'était ses spores, ou ses graines, appelez ça comme vous voudrez. Elles sont parties en bondissant sur le sable de Xanthus, tout comme elles avaient bondi près de nous dans la Mare Chronium. J'ai ma petite idée sur leur fonctionnement, aussi... si ça t'intéresse, Leroy. Je crois que la coquille de silice cristalline n'est qu'une protection, comme une coquille d'œuf, et que le principe actif est l'odeur qu'elles contiennent. C'est une espèce de gaz qui attaque les silicones et, si la coquille est brisée près d'une source de cet élément, alors une réaction commence qui finit par produire une bête comme celle-là.

— Il faut essayer ! s'exclama le Français. Nous devons en briser une pour voir !

— Ah oui ? Eh bien c'est ce que j'ai fait. J'en ai cassé deux ou trois sur le sable. Qu'est-ce que tu dirais de revenir dans dix mille ans environ pour voir si j'ai planté des monstres à pyramides ? Tu devrais pouvoir te faire une opinion, à ce moment !

Jarvis s'interrompit et poussa un long soupir.

— Dieu ! Quelle étrange créature ! Vous pouvez l'imaginer ? Aveugle, sourde, sans nerfs, sans cerveau, rien qu'un mécanisme et pourtant... immortelle ! Condamnée à continuer à fabriquer des briques, à construire des pyramides, tant que la silice et l'oxygène existeront, et même après elle s'arrêtera tout simplement. Elle ne sera pas morte. Et si les accidents d'un million d'années lui rapportent sa nourriture, elle sera là, prête à recommencer, alors que les cerveaux et les civilisations seront perdus dans la nuit des temps ! Drôle de bête, oui, et pourtant j'en ai trouvé une plus bizarre encore !

— Si c'est vrai, ça devait être dans tes rêves, bougonna Harrison.

— Tu as raison ! répliqua gravement Jarvis. Dans un sens, tu as raison. La bête de cauchemar ! C'est le meilleur nom qu'on puisse lui donner... et c'est la créature la plus démoniaque, la plus terrifiante qu'on puisse imaginer ! Plus dangereuse qu'un lion, plus insidieuse qu'un serpent !

— Raconte, raconte ! supplia Leroy. Il faut que j'aille la voir !

— Pas celle-là !... Bon. Twill et moi, nous avons quitté la créature aux pyramides et nous avons repris notre marche à travers Xanthus. J'étais fatigué et un peu découragé que Putz ne m'ait pas vu, et les trilles de Twill me portaient sur les nerfs, tout comme ses vols en piqué. Alors je me traînais sans un mot. J'ai marché en silence pendant des heures dans ce désert monotone.

« Vers le milieu de l'après-midi, nous avons aperçu une ligne sombre et basse à l'horizon. Je savais ce que c'était : un canal. Je l'avais survolé en fusée et ça signifiait que nous avions fait un tiers de notre traversée de Xanthus. Agréable pensée, n'est-ce pas ? Malgré tout, j'étais fidèle à ma moyenne.

« Nous nous sommes approchés lentement du canal. Je me souvenais que celui-ci était bordé par une large frange de végétation et que Tas-de-Boue-Ville était située dessus.

« J'étais fatigué, comme je disais. Je rêvais d'un bon repas chaud, et de là je suis passé à des réflexions diverses, pensant que même Bornéo me paraîtrait douillet et plaisant après cette planète folle, et puis j'ai pensé à notre bon vieux New York et à une fille que je connaissais là-bas. Fancy Long. Ça vous dit quelque chose ?

— Artiste de vision, dit Harrison. Je l'ai vue. Jolie blonde... elle chante et elle danse dans l'émission Yerba Mate.

— C'est ça. Je la connaissais assez bien, en copine, c'est tout... mais elle est quand même venue dans l'*Arès* pour nous dire au revoir. Bref, je pensais à elle, je me sentais assez seul, et pendant ce temps nous approchions de cette ligne de plantes caoutchouteuses.

« Là-dessus... je me suis exclamé "Bon Dieu !" et j'ai ouvert de grands yeux. Elle était là ! Fancy Long, là debout, claire comme le jour, sous un de ces arbres cinglés, souriante, agitant la main tout comme la dernière fois que je l'avais vue en partant !

— Bon, maintenant tu es cinglé aussi, observa le capitaine.

— Je te jure, sur le moment j'aurais été d'accord avec toi ! J'ai ouvert des yeux ronds et je me suis pincé et j'ai fermé les yeux et je les ai rouverts et à chaque fois Fancy Long était là qui me souriait et me faisait signe ! Twill a vu quelque chose aussi ; il lançait des trilles et caquetait mais je l'entendais à peine. Je courais vers elle sur le sable, trop stupéfait pour me poser des questions.

« Je n'étais pas à dix mètres d'elle quand Twill m'a rattrapé avec un de ses bonds volants. Il m'a saisi le bras en criant "Non, non, non !" de sa voix grinçante. J'ai voulu le repousser, il était aussi léger que s'il avait été en bambou, mais il a enfoncé ses serres et a crié. Et finalement j'ai plus ou moins retrouvé ma raison et je me suis arrêté à moins de cinq mètres d'elle. Elle était là devant moi, aussi réelle et solide que la tête de Putz !

— *Vas ?* fit le mécanicien.

— Elle souriait et agitait la main, agitait la main et souriait, pendant que Twill grinçait et caquetait. J'étais pétrifié, je savais que ça ne pouvait pas être vrai et pourtant... elle était là !

« Finalement j'ai crié : "Fancy ! Fancy Long !" Elle a simplement continué de sourire en agitant la main, mais l'air aussi réelle que si je ne l'avais pas laissée à soixante millions de kilomètres d'ici !

« Twill avait son pistolet de verre au poing, braqué sur elle. Je lui ai empoigné le bras, mais il a essayé de se dégager. Il l'a montrée du doigt, en disant "Pas respire ! Pas respire !" et j'ai compris que cette chose ressemblant à Fancy Long n'était pas vivante. Je vous jure, j'avais la tête comme une toupie !

« Malgré tout, ça m'énervait de le voir braquer son arme sur elle, comme ça. Je ne sais pas pourquoi je suis resté planté là sans rien faire pendant qu'il visait soigneusement, mais toujours est-il que je n'ai pas bougé. Puis il a pressé la crosse de son arme ; il y a eu un petit jet de vapeur, et Fancy Long a disparu ! Et à sa place j'ai vu une de ces horreurs noires aux bras de corde qui se tortillait, une créature comme celle à qui j'avais arraché Twill !

« La bête de cauchemar ! Pris de vertige, je l'ai regardée mourir pendant que Twill caquetait et sifflait. Finalement, il m'a touché le bras, m'a désigné la chose grouillante et m'a dit "Toi un-un-deux, lui un-un-deux". Quand il a eu répété ça huit ou dix fois, j'ai pigé. Et vous ?

— Oui ! glapit Leroy. Moi, je comprends ! Il voulait dire que, si on pense à quelque chose, la bête le sait et on le voit ! Un chien, par exemple, un chien affamé... il verrait un gros os avec de la viande autour, il le sentirait peut-être ! Non ?

— Tout juste, répliqua Jarvis. La bête-cauchemar se sert des rêves et des désirs de sa victime pour l'attirer. L'oiseau, à la saison des amours, doit voir sa femelle, le renard, cherchant sa propre proie, un lapin sans défense.

— Comment fait-elle ? demanda Leroy.

— Comment veux-tu que je le sache ? Comment est-ce que sur Terre un serpent charme un oiseau et le fait venir entre ses mâchoires ? Et est-ce qu'il n'existe pas des poissons des profondeurs qui attirent leurs victimes dans leur gueule ? Seigneur ! s'exclama Jarvis en frémissant. Vous voyez à quel point ce monstre est insidieux ? Nous sommes prévenus, maintenant, mais désormais nous ne pouvons plus nous fier à nos propres yeux ! Vous me verrez peut-être, ou je verrai l'un de vous... et derrière la vision il n'y aura rien qu'une autre de ces horreurs noires !

— Comment est-ce que ton copain l'a su ? demanda soudain le capitaine.

— Twill ? Je me le demande ! Peut-être pensait-il à quelque chose qui ne pouvait absolument pas m'intéresser et puis, quand je me suis mis à courir, il a compris que j'avais vu autre chose, et ça l'a averti. Ou alors la bête-cauchemar ne peut projeter qu'une seule vision, et Twill a vu la même chose que moi... ou rien du tout. Je ne pouvais pas le lui demander. Mais c'est encore une preuve que son intelligence est au moins égale à la nôtre sinon plus grande.

— Il est cinglé, je te dis ! s'écria Harrison. Qu'est-ce qui peut te faire penser que son intelligence vaut celle des humains ?

— Des tas de choses ! D'abord la bête-pyramide. Il n'en avait jamais vu ; il me l'a fait comprendre. Et pourtant il l'a reconnue comme étant un automate de silice mort-vivant.

— Il aurait pu en entendre parler, objecta Harrison. Il vit ici, après tout.

— Et le langage ? J'étais incapable de capter une seule de ses pensées, et il a appris six ou sept mots de ma langue. Et tu te rends compte de toutes les idées complexes qu'il a pu me communiquer avec ces sept ou huit mots seulement ? Le monstre-pyramide... la bête-cauchemar ! En une seule phrase il m'a dit que le premier était un automate inoffensif et l'autre un hypnotiseur mortel. Qu'est ce que tu dis de ça ?

— Ma foi, grogna le capitaine.

— À ton aise ! Est-ce que tu aurais pu en faire autant, ne connaissant que six mots d'une langue ? Est-ce que tu aurais pu aller encore plus loin, comme l'a fait Twill, et me dire qu'une autre créature était d'une espèce d'intelligence si différente de la nôtre que tout entendement était impossible, plus impossible encore qu'entre Twill et moi ?

— Qu'est-ce que tu racontes ?

— Tout à l'heure. Ce que je veux dire, c'est que Twill et sa race sont dignes de notre amitié. Quelque part sur Mars – et vous verrez que j'ai raison – il existe une civilisation et une culture égales aux nôtres, et peut-être plus qu'égales. Et la communication est possible entre eux et nous, car leurs esprits sont étrangers mais moins que ceux des autres créatures que nous avons rencontrées, si tant est qu'elles aient un esprit !

— Quelles autres créatures ? Où ça ?

— Les habitants des villes de boue le long des canaux, répliqua Jarvis. Je croyais que la bête-cauchemar et le monstre de silice étaient les êtres les plus étranges qu'on puisse concevoir mais je me trompais. Ces autres créatures sont plus étrangères encore que ces deux-là et encore moins compréhensibles, beaucoup moins que Twill avec qui l'amitié est possible et même, à force de patience et de concentration, l'échange des idées...

« Bref. Nous avons donc laissé la bête-cauchemar à son agonie, en train de se renfoncer dans son trou, et nous avons longé le canal. Il y avait un tapis de cette étrange herbe ambulante qui s'écartait sur notre passage en vitesse et, quand nous avons atteint la rive, nous avons vu au fond un filet d'eau jaune. La ville de monticules que j'avais vue de la fusée se trouvait à un ou deux kilomètres sur la droite, et j'étais assez curieux pour vouloir aller y jeter un coup d'œil.

« Elle m'avait paru abandonnée, de là-haut, et si des créatures y rôdaient... ma foi, Twill et moi étions armés. Et, au fait, cette arme de cristal de Twill était un truc tout à fait intéressant ; je l'ai examinée, après l'épisode de la bête-cauchemar. Elle lançait de petites pointes de verre, empoisonnées je suppose, et devait bien en contenir une centaine. Le mode de propulsion était la vapeur... la simple vapeur toute bête !

— De la vapeur ! s'exclama Putz. Mais d'où vient cette vapeur ?

— De l'eau, bien sûr ! On pouvait voir l'eau au travers de la crosse transparente et aussi une petite poche d'un autre liquide, épais et jaunâtre. Quand Twill pressait la crosse – il n'y avait pas de détente –, une goutte d'eau et une goutte de truc jaune étaient projetées dans une chambre de combustion et l'eau se vaporisait et... pop ! – voilà. Ce n'est pas tellement compliqué ; je crois que nous pourrions développer le même principe. L'acide sulfurique concentré fait presque bouillir l'eau, la chaux vive aussi, et il y a encore la potasse, le sodium...

« Naturellement, son arme n'avait pas la portée de la mienne, mais ce n'était pas grave dans cet air raréfié, et elle tirait bien autant de coups que le revolver d'un cow-boy dans un film du Far West. C'était drôlement efficace, aussi, du moins contre les formes de vie martiennes ; je l'ai essayée, visant une de ces plantes cinglées, et du diable si elle ne s'est pas instantanément desséchée ! C'est pourquoi je pense que les pointes de verre étaient empoisonnées.

« Nous marchions donc vers « Tas-de-Boue-Ville », et je commençais à me demander si ses bâtisseurs avaient creusé les canaux. J'ai désigné la ville et puis le canal et Twill a fait "non, non, non" en gesticulant en direction du sud. J'ai cru comprendre qu'une autre race avait créé le système de canaux, celle de Twill, peut-être. Je n'en sais rien, peut-être y a-t-il encore une autre race intelligente sur la planète, ou des dizaines d'autres. Mars est un drôle de petit univers.

« À cent mètres de la ville, nous avons franchi une espèce de route, une simple piste de terre battue, et puis, tout à coup, nous avons vu arriver un des bâtisseurs de monticules !

« Ah, mes amis ! Quand on parle de bêtes fantastiques... Ça avait tout l'air d'un petit fût trottant sur quatre jambes avec quatre bras ou tentacules. Ça n'avait pas de tête, rien qu'un corps et des membres et une rangée d'yeux qui en faisait tout le tour. Le sommet du corps en forme de tonneau était un diaphragme aussi tendu qu'une peau de tambour, et c'était tout. Ça poussait une petite charrette à bras d'une matière cuivrée, et c'est passé près de nous à toute vitesse, sans même nous remarquer, encore que j'aie eu l'impression que les yeux de mon côté se déplaçaient un peu en passant.

« Deux minutes après, un autre est apparu, poussant aussi une charrette vide. Même chose, il est passé près de nous à toute allure. Ma foi, je n'avais pas l'intention d'être ignoré par une bande de tonneaux jouant au train, alors, quand le troisième s'est présenté, je me suis planté au milieu du chemin... prêt à bondir de côté, bien sûr, si le truc ne s'arrêtait pas.

« Mais il s'est arrêté. Il s'est arrêté et il s'est mis à émettre une espèce de roulement de tambour avec le diaphragme du sommet. Alors j'ai tendu les deux mains et j'ai déclaré : "Nous sommes des amis !" Et qu'est-ce que vous croyez que le truc a fait ?

— Il a répondu « Enchanté de vous connaître », je parie ! suggéra Harrison.

— Il l'aurait fait que je n'aurais pas été plus surpris ! Il a tambouriné sur son diaphragme et soudain a lancé en roulant « Nous sommes des ami-i-i-is ! » et puis il a méchamment poussé sa carriole sur moi ! J'ai sauté de côté, et il est reparti à toute pompe pendant que je le suivais des yeux comme un idiot.

« Une minute plus tard, un autre est arrivé précipitamment.

Celui-là ne s'est pas arrêté mais il a tambouriné "Nous sommes des ami-i-i-is !" et il a filé. Comment avait-il appris cette phrase ? Est-ce que toutes ces créatures étaient en communication ? Est-ce qu'elles n'étaient que des parties d'un organisme central ? Je n'en sais rien, mais je soupçonne Twill d'en savoir plus long.

« Les créatures nous ont donc croisés à toute allure, chacune nous saluant de la même façon. Ça devenait comique ; jamais je n'aurais cru avoir tant d'amis sur cette boule maudite ! Finalement, j'ai adressé à Twill un geste de perplexité et il a dû me comprendre parce qu'il m'a répondu : "Un-un-deux, oui !" Les créatures étaient intelligentes. "Deux-deux-quatre, non !" Leur intelligence n'était pas de notre ordre mais une chose différente, et au-delà de la logique de deux et deux font quatre. Ou alors il voulait dire que leur esprit était d'un niveau très bas, capable de comprendre les choses les plus simples – "un-un-deux, oui" – mais pas les trucs plus difficiles, "deux-deux-quatre, non". Mais d'après ce que nous avons vu par la suite, je pencherais pour la première hypothèse.

« Au bout d'un moment, les créatures sont repassées en courant, d'abord une, puis une autre. Leurs carrioles étaient pleines de pierres, de sable, de gros tas de plantes caoutchouteuses, des détritus comme ça. Elles ont tambouriné leur salut amical, qui ne semblait pas du tout amical, et ont filé. Supposant que la troisième était mon premier interlocuteur, je décidai de poursuivre la conversation. Je me suis de nouveau planté sur son chemin et j'ai attendu.

« Le tonneau est arrivé, a tambouriné son "nous sommes des ami-i-is" et s'est arrêté. Je l'ai regardé ; quatre ou cinq de ses yeux m'ont dévisagé. Il a encore essayé son mot de passe, en me poussant avec sa charrette, mais je suis resté planté là. Et alors le... la fichue créature a allongé un de ses bras et deux pinces semblables à des doigts m'ont tordu le nez !

— Ha ! rugit Harrison en se tapant la cuisse. Ces trucs-là ont peut-être du goût !

— Tu peux rire, grogna Jarvis. Je m'étais déjà cogné méchamment ce nez et il avait été gelé. Alors j'ai crié « Aïe ! » et j'ai fait un bond de côté et la créature s'est remise à courir. Mais à partir de ce moment, leur formule d'accueil est devenue « nous sommes des ami-i-is ! Aïe ! ». Drôles de bêtes !

« Twill et moi, nous avons suivi la route jusqu'au premier monticule. Les créatures allaient et venaient sans faire attention à nous, pour aller chercher leurs tas de détritus. La route plongeait simplement dans une ouverture et descendait comme dans une vieille mine, et les êtres-tonneaux couraient de-ci de-là, en nous saluant toujours de leur sempiternelle phrase.

« J'ai regardé à l'intérieur ; il y avait de la lumière dans le fond, et j'étais curieux de la voir. Ça n'avait pas l'air d'une flamme ni d'une torche, voyez-vous, mais plutôt d'une source de lumière civilisée, et je pensais pouvoir découvrir un indice quant au développement culturel de ces créatures. Alors je suis entré, et Twill a suivi, non sans quelques caquètements et trilles inquiets.

« La lumière était bizarre ; elle vacillait et crachotait comme une lampe à arc d'autrefois, mais provenait d'une unique perche noire plantée dans le mur de la galerie. C'était électrique, pas de doute. Donc, apparemment, ces créatures étaient plus ou moins civilisées.

« Et puis j'ai aperçu une autre lumière, illuminant quelque chose de scintillant, alors je suis allé regarder ça, mais ce n'était qu'un tas de sable brillant. J'ai fait demi-tour pour ressortir, et du diable si l'ouverture n'avait pas disparu !

« Je me suis dit que la galerie devait tourner, ou que je m'étais engagé dans un passage transversal. Malgré tout, je suis reparti dans la direction que je pensais être celle que nous avions prise en venant, et tout ce que j'ai trouvé, c'est encore un corridor mal éclairé. Cet endroit était un labyrinthe ! Il n'y avait rien que des passages tortueux courant en tous sens, éclairés par des lumières placées de loin en loin, et de temps en temps une créature passait en courant, parfois avec une charrette à bras, parfois sans.

« Au début, je ne m'inquiétais pas trop. Twill et moi n'avions fait que quelques pas, depuis l'entrée. Mais chaque nouveau pas que nous faisions semblait nous enfoncer plus profondément dans le dédale. Finalement, j'ai tenté de suivre une des créatures poussant un chariot vide, pensant qu'elle allait chercher ses détritus, mais elle n'a fait que cavaler en rond, au hasard, allant d'un passage dans un autre. Quand elle s'est mise à galoper autour d'un pilier comme une de ces souris valseuses japonaises, j'ai renoncé, j'ai jeté ma citerne d'eau sur le sol et je me suis assis.

« Twill était aussi perdu que moi. J'ai pointé mon doigt en l'air et il a fait "non, non, non" avec une espèce de trille navrée. Et les indigènes ne nous étaient d'aucun secours. Ils ne faisaient pas la moindre attention à nous, sauf pour nous assurer que nous étions des amis... aïe !

« Seigneur ! Je ne sais pas combien d'heures ou de jours nous avons erré là-dedans ! J'ai dormi deux fois, d'épuisement total ; Twill ne semblait jamais avoir besoin de sommeil. Nous avons essayé de suivre uniquement les galeries montantes, mais elles grimpaient un peu et puis redescendaient. La température était constante, dans cette foutue fourmilière ; on ne pouvait distinguer la nuit du jour et après mon premier somme je ne savais pas si j'avais dormi une heure ou treize ce qui fait que, d'après ma montre, j'ignorais s'il était midi ou minuit.

« Nous avons vu beaucoup de choses étranges. Il y avait des machines en marche dans certains corridors, mais elles ne semblaient rien faire de spécial... Rien que des roues qui tournaient.

Et plusieurs fois, j'ai vu deux bêtes-tonneaux avec une petite qui poussait entre eux, reliée aux deux.

— La parthénogénèse ! s'exclama Leroy. La parthénogénèse par floraison, comme les tulipes !

— Moi, je veux bien, mon vieux, dit Jarvis. Les créatures ne nous remarquaient pas du tout, jamais, sauf pour nous dire au passage : « nous sommes des ami-i-is ! Aïe ! » Elles ne semblaient pas avoir de vie familiale, elles ne faisaient que galoper en tous sens avec leur espèce de brouette, pour apporter des détritus. Et finalement j'ai découvert ce qu'elles en faisaient.

« Nous avions eu un peu plus de chance, avec une des galeries, qui montait régulièrement sur une longue distance. Je pensais que nous devions être près de la surface quand soudain le passage a débouché dans une vaste salle voûtée, la seule que nous ayons vue. Et, mes amis, j'ai eu envie de danser quand j'ai aperçu ce qui m'a paru être le jour, par une fissure du plafond !

« Il y avait là une... une espèce de machine, rien qu'une énorme roue qui tournait lentement et une des créatures était en train de jeter ses détritus dessous. La roue a tout écrasé, le sable, les pierres, les plantes, en a fait une poudre qui devait couler quelque part, se tamiser. Nous sommes restés là et d'autres tonneaux sont venus, ont jeté leur chargement, et c'est tout. Ça n'avait ni rime ni raison... mais c'est comme pour tout sur cette planète insensée. Et puis il s'est passé autre chose, presque trop bizarre pour être cru !

« Une des créatures, ayant jeté son chargement, a bruyamment repoussé sa charrette dans un coin et s'est glissée calmement sous la roue ! Je l'ai regardée se faire écraser, trop ahuri pour pousser un cri, et quelques instants plus tard une autre l'a imitée ! Elles s'y prenaient très méthodiquement. Une des créatures sans charrette à bras s'emparait de celle qui était abandonnée.

« Twill ne paraissait pas surpris ; je lui fis observer le suicide suivant et pour toute réponse il haussa les épaules de la manière la plus humaine qu'on puisse imaginer, de l'air de dire : “qu'est-ce que tu veux que j'y fasse ?” Il devait plus ou moins connaître ces créatures.

« Et puis j'ai vu autre chose. Il y avait quelque chose derrière la roue, qui luisait sur une espèce de piédestal bas. Je me suis approché ; c'était un petit cristal, gros comme un œuf, fluorescent, irradiant de la lumière. Cette lumière me picota la figure et les mains, presque comme une décharge électrique, et puis j'ai remarqué un truc curieux. Vous vous rappelez la verrue que j'avais au pouce gauche ? Regardez !

Jarvis tendit sa main et reprit :

— Elle s'est desséchée et elle est tombée ! Comme ça, brusquement ! Et mon pauvre nez endolori... il a cessé de me faire mal comme par magie ! Ce truc a les mêmes propriétés que les rayons X ou que les radiations gamma, mais en plus fort ; ça détruisait le tissu malade en laissant intact le tissu sain !

« J'étais en train de penser que ce serait un sacré cadeau à rapporter sur Terre quand un grand bruit nous a fait sursauter. Nous nous sommes précipités de l'autre côté de la roue, à temps pour voir une des carrioles écrasée par la meule. Un des suicidés avait dû être négligent, je suppose.

« Et puis soudain les créatures se sont mises à tambouriner tout autour de nous et leur bruit était carrément menaçant. Elles étaient massées et avançaient sur nous ; nous avons reculé dans ce qui m'a semblé être la galerie par laquelle nous étions entrés, et elles nous ont suivis en tonnant, certaines poussant des charrettes, d'autres non. Fous furieux, ces trucs-là ! Il y avait tout un chœur de “nous sommes des ami-i-i-s ! Aïe !”. Je n'aimais guère le “aïe” ; c'était plutôt suggestif.

« Twill avait son pistolet de verre à la main et je me suis débarrassé de ma citerne pour avoir les mains libres. Nous avons reculé dans le corridor, suivis par les créatures-tonneaux, une bonne vingtaine d'individus. Le plus bizarre... celles qui avançaient avec leurs brouettes chargées passaient à quelques centimètres de nous comme si nous n'existions pas et disparaissaient.

« Twill a dû remarquer ça. Soudain, il a tiré de son sac son espèce de charbon ardent allume-cigare et a effleuré un chargement de plantes. Pffft ! Tout le tas s'est embrasé, et la bête cinglée qui le poussait a continué comme si de rien n'était ! Ça a créé cependant quelque commotion chez nos “ami-i-i-is”... et puis j'ai constaté que la fumée tourbillonnait et refluait autour de nous et là, pas de doute, il y avait la sortie !

« J'ai empoigné Twill par le bras et nous nous sommes précipités dehors, poursuivis par les vingt créatures. Le jour m'a paru un paradis, encore que j'aie vu tout de suite que le soleil était presque couché, ce qui était très mauvais puisque je ne pouvais vivre dehors sans mon sac thermique par une nuit martienne, tout au moins sans un bon feu. Là-dessus, les choses ont rapidement empiré. Ils nous ont acculés dans un angle entre deux monticules et nous nous sommes trouvés coincés. Je n'avais pas encore tiré et Twill non plus ; inutile d'irriter davantage ces bestioles. Elles se sont arrêtées à quelque distance de nous et ont recommencé à tambouriner leurs histoires d'amis et de aïes.

« Et la situation s'est encore aggravée ! Un être-tonneau est sorti avec une charrette et ils se sont tous rués dessus et sont revenus avec des poignées de fléchettes de cuivre d'un pied de long, à l'aspect tout ce qu'il y a d'aigu, et tout à coup l'une d'elles est passée en sifflant près de mon oreille ! Il fallait donc tirer ou se laisser massacrer.

« Pendant un moment, nous nous sommes bien défendus. Nous avons visé ceux qui entouraient la charrette et réussi à réduire au minimum les envols de fléchettes, mais soudain il y a eu comme un tonnerre d'"ami-i-i-is" et de "aïe" et toute une armée a surgi de leur trou !

« Bon Dieu ! Nous étions fichus, je le savais ! Et puis je me suis rendu compte que Twill ne l'était pas. Il aurait pu bondir aisément par-dessus le monticule auquel nous étions adossés. Il ne restait que pour moi !

« Je vous jure, j'en aurais pleuré si j'avais eu le temps ! Twill m'avait tout de suite plu, mais quant à savoir si j'aurais eu assez de reconnaissance pour faire ce qu'il faisait... je l'avais sauvé de la première bête-cauchemar, d'accord, mais il en avait fait autant pour moi, pas vrai ? Je lui ai saisi le bras, j'ai dit "Twill" et j'ai montré le ciel et il a compris. Il a répliqué "non, non, non, Tick" et il a continué de tirailler avec son pistolet de verre.

« Qu'est-ce que je pouvais faire ? J'aurais été mort de toute façon, dès que le soleil se serait couché, mais je ne pouvais pas lui expliquer ça. J'ai dit "merci, Twill ! T'es un homme !" avec l'impression que je ne lui faisais pas du tout un compliment. Un homme ! Il y en a bien peu qui auraient agi comme lui !

« Alors nous avons continué, je faisais "pan" avec mon automatique et Twill "pouf" avec son pistolet, et les tonneaux nous décochaient des fléchettes et se préparaient à nous prendre d'assaut, tout en tonnant qu'ils étaient des amis. J'avais abandonné tout espoir. Et puis soudain un ange est tombé du ciel sous forme de Putz avec ses jets inférieurs qui calcinaient et déchiquetaient les tonneaux en très petits morceaux !

« Ouf ! J'ai poussé un cri et je me suis précipité vers la fusée ; Putz m'a ouvert la porte et j'ai sauté dedans, en riant et en pleurant et en hurlant ! J'ai mis quelques instants à me rappeler Twill ; j'ai regardé, juste à temps pour le voir s'élever dans un de ses bonds volants, par-dessus le monticule et dans le lointain.

« J'ai eu un mal fou à persuader Putz de le suivre ! Le temps que nous ayons fait décoller la fusée, la nuit était tombée. Vous savez comment ça se passe par ici, comme si on tournait un bouton. Nous avons survolé le désert, en nous posant une ou deux fois. J'ai crié : "Twill !" J'ai dû crier ça cent fois. Nous ne l'avons pas retrouvé ; il peut voyager comme le vent et tout ce que j'ai obtenu, à moins que je l'aie imaginé, c'est un lointain trille et un petit caquètement très loin vers le sud. Il était parti et... Enfin quoi, bon Dieu, je... je le regrette bien !

Les quatre hommes de l'*Arès* restèrent silencieux, même le sardonique Harrison. Ce fut enfin le petit Leroy qui rompit ce silence :

— J'aimerais bien le voir, murmura-t-il.

— Ouais, grogna Harrison. Et le remède à verrues. Dommage

que t'aies raté ça ; c'est peut-être le remède miracle contre le cancer qu'on cherche depuis un siècle et demi !

— Ah ça, fit sombrement Jarvis. C'est ce qui a déclenché la bagarre.

Il tira de sa poche un objet scintillant.

— Tenez, le voilà.

1934

Harl VINCENT

Le rôdeur des terres incultes

L'essentiel de l'œuvre de Harl Vincent (1893-1968) est paru dans les pulps *entre 1928 et 1942. Puis, après un très long silence, il publia un roman et quelques nouvelles entre 1966 et sa mort. Il se nommait en réalité Harold Vincent Schoepflin, né à Buffalo, aux États-Unis. Voici quelques extraits de la notice biographique que lui consacrait le numéro d'*Amazing Stories *de décembre 1938 : « À l'âge de cinq ans Harl Vincent dessinait surtout des locomotives, des moulins à café et autres objets mécaniques. Tout naturellement il entreprit des études d'ingénieur, mais les interrompit, car il se maria très jeune et dut travailler pour faire vivre son ménage. Il continua cependant d'étudier à l'école du soir et parvint à devenir ingénieur spécialisé dans les machines à vapeur. Il a fait toute sa carrière dans l'industrie et occupe actuellement un poste important dans une grande usine. »*

Harl Vincent a écrit une trentaine de récits de science-fiction, en général des textes d'aventures ou du space opera *dans* Argosy *puis* Amazing, Astounding, *etc. Sa technique narrative n'était guère originale mais ses idées l'étaient davantage, comme on pourra s'en rendre compte ici. Il est bien oublié aujourd'hui outre-Atlantique et l'énorme* Encyclopedia of Science Fiction *ne lui consacre qu'un court paragraphe.*

Le rôdeur huma la brise avec méfiance. La douceur de l'air était bien réconfortante, car il venait de voyager nuit et jour pour fuir les terres incultes du Nord où le froid glacial d'un hiver précoce menaçait jusqu'à son existence.

Cependant ses narines sensibles flairaient dans cette brise des effluves divers qui le rendaient à la fois mal à l'aise et craintif. D'une part, ils éveillaient en sa mémoire de vagues souvenirs, bien antérieurs à l'époque de ses premières gambades maladroites auprès de sa mère, morte depuis longtemps ; d'autre part, ces odeurs étaient entièrement nouvelles et il ne pouvait les relier à aucune de ses expériences d'adulte.

Il ne savait pas qu'elles révélaient la présence toute proche de la plus grande concentration d'habitations humaines du globe. D'ailleurs, le rôdeur n'aurait pas reconnu un homme en tant que tel, même si l'un d'eux était apparu dans la brousse à ses côtés. Il n'en avait jamais vu.

Le rôdeur était un animal étrangement solitaire, car il était l'unique représentant de son espèce dans l'immensité des terres incultes. Les trois courtes années vécues après avoir quitté sa mère, gelée et immobile dans les neiges du Nord, n'avaient été qu'une recherche constante de nourriture. Les chiens sauvages, qui étaient les seuls autres grands animaux de la région, avaient vite appris à l'éviter. Le rôdeur était plus fort que les plus féroces d'entre eux, même quand ils l'attaquaient en meute.

C'était un animal hybride au pelage jaune, d'apparence essentiellement féline, pesant plus de soixante kilos. Outre ses origines mélangées, il était pourvu de glandes prélevées sur diverses espèces et de gènes qui lui donnaient des instincts qui jusqu'ici n'avaient pas été éveillés. Le rôdeur ne pouvait savoir qu'il était le produit d'une expérience biologique du XXIIIe siècle.

Il n'avait pas mangé depuis de longues heures et la douleur qui torturait ses entrailles lui fit oublier ses craintes. Il partit prestement vers le sud-est, dans la direction d'où semblaient venir les odeurs. Les broussailles étaient sèches et dénudées ; des feuilles mortes tapissaient le sol. Il n'y avait aucun signe de vie sauf, dans le lointain, les aboiements d'une meute de chiens sauvages. Cependant, le rôdeur poursuivit son chemin.

Soudain, il vit un groupe de grandes buttes et il accéléra le pas. Il ne savait pas qu'à l'origine ces buttes avaient été formées par les murs croulants d'anciennes demeures humaines, mais il avait vu bien d'autres buttes de ce genre dans les terres incultes et il savait que des rats vivaient dans les soubassements. Il se glissa dans ce qui avait été la cave d'un entrepôt de Hoboken[1].

Une heure plus tard, alors que le jour tombait, il sortit en rampant, sa faim apaisée. Il huma la brise qui avait fraîchi. Les odeurs étaient plus fortes qu'avant et maintenant elles piquaient sa curiosité ; elles l'attiraient même presque irrésistiblement. Il se faufila rapidement entre les ruines couvertes de mousse et, après un moment, parvint dans un endroit dégagé. Il s'arrêta net en voyant le paysage. L'immensité qui s'étendait devant lui l'intriguait et il s'assit sur son arrière-train pour la contempler.

Il se trouvait au bord d'une grande étendue d'eau et en face, sur l'autre berge, se dressait un mur très haut, embrasé par la lumière du soleil couchant. Le rôdeur ne pouvait savoir que c'était le fleuve Hudson et, de l'autre côté, le rempart ouest de New York, la plus grande des onze villes de l'Union nord-américaine. Il ne pouvait savoir qu'il était né là, dans cette agglomération de près de cinquante millions d'habitants, au milieu de ces bâtiments de cent étages qui s'élançaient vers le ciel. Il ne pouvait savoir non plus que la partie du rempart qui formait un pont sur la rivière se prolongeait au sud-ouest pour ceindre ce qui avait été les villes de Jersey et Newark. Il savait seulement que la vue du rempart magnifique et les odeurs l'attiraient et jouaient sur des cordes sensibles qui existaient en lui sans qu'il le sache.

Il n'avait aucune connaissance historique. Il avait accepté les ruines et la désolation des terres incultes comme allant de soi. Son esprit synthétique ne pouvait deviner que le mystère de son existence était lié, en quelque sorte, au fait que les hommes avaient abandonné les terres et s'étaient regroupés dans les villes.

Le rôdeur avait effectivement un cerveau. Son intelligence était pénétrée d'idées universelles, choisies parmi les connaissances des maîtres de la pensée mondiale ; et il possédait des instincts, des désirs et des qualités qui n'appartiennent habituellement qu'à la race humaine. Ses instincts, ses qualités et ses désirs endormis étaient maintenant prêts à s'éveiller.

Il se redressa et reprit sa course régulière et silencieuse. Il longea la rivière vers le sud et, tandis qu'il approchait, l'odeur des habitations humaines devenait un véritable anesthésique. Il lui fallait absolument trouver ce qu'il y avait au bout de cette piste.

Il le trouva. Là où le rempart de la ville atteignait la berge occidentale du Hudson, là où autrefois se trouvait la station Erie du

1. *Hoboken* : ville sur la rivière Hudson en face de New York. *(N.d.T.)*

métro de Manhattan, oublié depuis longtemps, le rôdeur trouva une porte ouverte dans le grand mur onduleux en acier inoxydable. Ici, les odeurs étaient beaucoup plus fortes. Il renifla et le souvenir de ses premiers jours lui vint en mémoire d'une façon poignante. À l'époque où ses yeux n'étaient pas encore ouverts, il avait quitté cet endroit, ballottant dans la gueule de sa mère. Il avait fui, sans le savoir, une vie créée et méticuleusement programmée dans un laboratoire humain. Les bruits qui frappaient ses oreilles éveillèrent des souvenirs moins précis que les odeurs, mais le ronronnement du mécanisme vital de la ville provoqua quelques vagues réminiscences. Le son strident des voitures qui passaient dans les tubes pneumatiques et le sifflement des ascenseurs qui montaient et descendaient rapidement avaient pour lui encore moins de signification. Une sorte d'élan s'était emparé de lui ; il ne pouvait résister à l'appel de la ville et il passa la porte.

Dans le couloir, les sons et les odeurs assaillaient le rôdeur de toutes parts. Hébété, le cœur battant la chamade dans sa large poitrine, il accéléra l'allure et se dirigea silencieusement vers un point éloigné où les lumières étaient plus vives. Le métal lisse et dur était agréablement tiède sous ses pattes coussinées. L'air qu'il respirait exhalait une odeur humide, chargée de vie. Et en un éclair il comprit qu'il appartenait à cette vie, en vertu des droits que lui donnait sa naissance. Il prit un tournant et cligna les yeux sous l'effet d'une lumière éblouissante qui le frappait de haut. Il se trouvait dans un lieu gigantesque, l'une des places publiques du niveau le plus bas de la ville. Elle grouillait de créatures : certaines vivaient et respiraient, d'autres n'étaient que des mécaniques pesantes, qui se mouvaient cependant avec agilité. Instinctivement, le rôdeur sentit la différence entre l'homme et le robot.

Il n'y avait aucun être de ce genre dans les terres incultes.

Ici, tous se tenaient debout sur leurs pattes de derrière, les vivants tout comme ceux qui étaient des machines. Le rôdeur sut que les vivants étaient des amis : ils faisaient partie de l'espèce qu'il recherchait inconsciemment depuis trois ans. Quant aux autres, il avait quelques doutes. Il fut saisi d'un tel désir de se trouver parmi ces êtres vivants qu'il oublia ses précautions de solitaire. Il avança doucement entre les piliers et sortit en pleine lumière. Une des bêtes métalliques, cliquetant à chaque pas, décocha quelque chose qui ondula comme une tige fouettée par le vent. Elle frappa durement quand elle atteignit le rôdeur qui se redressa vivement sur son arrière-train en grondant. Il sortit aussitôt de sa stupeur et, comme projeté par un ressort, bondit sur la poitrine bombée de l'animal métallique. Ses griffes glissèrent sur le cylindre lisse, sans provoquer le moindre mal, mais le robot tomba lourdement à la renverse. Quelque chose tinta quand il s'abattit sur le sol et il cessa de remuer.

D'autres créatures mécaniques, ainsi que quelques êtres vivants, se précipitèrent vers lui. Les premiers poussèrent des cris rauques, les autres crièrent, mais de façon rassurante. Ces cris étaient différents des aboiements des chiens sauvages ; ils avaient un sens et ils étaient prononcés d'une voix ferme. D'une certaine manière, ils transmettaient un message compréhensible. Les bêtes de métal reculèrent et demeurèrent raides et immobiles.

Un des hommes, le chef du groupe, avait ordonné à la police-robot de s'écarter.

— Ça alors, dit-il, c'est un des animaux de Rosso !

Il se pencha et caressa la tête du rôdeur qui se détendit aussitôt.

— On s'en fiche, répliqua un autre. Y' devraient pas les laisser en liberté comme ça.

— D'habitude, répliqua le premier, ils les surveillent nuit et jour. C'est ça que je trouve bizarre. On pourrait peut-être en tirer quelque chose.

— Quoi donc ?

— Une récompense.

L'homme examina une des oreilles soyeuses du rôdeur.

Le grand animal au pelage jaune ferma les yeux de plaisir. Il avait enfin retrouvé son domicile et ses maîtres légitimes. Ses jours d'errance étaient finis. Une compréhension intérieure s'éveillait en lui qui disait clairement toutes ces choses. Il se laissa aller à un sentiment de paix et de sécurité qu'il n'avait jamais éprouvé jusqu'alors. Il leva des yeux reconnaissants vers l'homme qui caressait son oreille.

— Hum, grogna l'homme, on dirait presque qu'il veut nous parler. Il est beau, non ?

Les autres hommes s'éloignaient, ne s'intéressant déjà plus à l'incident, mais le premier continuait à lui palper l'oreille. Il poussa enfin un petit gloussement de satisfaction.

— Ah ! voilà ton numéro, mon grand, dit-il au rôdeur. Allez, viens, on va appeler le grand Rosso.

D'une façon étrange, le rôdeur comprit le sens des paroles. Il se leva et suivit son bienfaiteur alors qu'ils s'éloignaient parmi les piliers. Bientôt, l'homme et l'animal se trouvèrent dans un lieu couvert où les lumières étaient moins vives. L'homme prononça doucement quelques paroles face à un disque qui s'alluma brusquement. Comme par magie, l'image d'un autre visage apparut sur le disque et elle échangea quelques paroles avec l'homme. Ceci rappelait au rôdeur les réflexions qu'il avait vues de lui-même sur des étangs tranquilles.

Les paroles sortant du disque étaient prononcées vivement :

— Quel numéro, dites-vous ?

— 22 X 101, répliqua l'homme. Et il n'a pas de collier.

— Cela paraît impossible. Mais amenez-le-moi, mon ami. Amenez-le-moi tout de suite. Je vous donnerai 1 000 coupons de crédit.

L'homme claqua la langue de satisfaction tandis que le visage disparaissait. Le rôdeur frémit d'avance. Quelque chose de très important allait se passer.

Déjà, ils filaient le long d'un couloir étroit, transportés par un tapis qui avançait à vive allure. Ils entrèrent ensuite dans une cage qui montait toute seule. Le rôdeur sentit soudain un creux dans son ventre et s'assit. Puis ils prirent un autre couloir qui conduisait à une porte. Quand la porte leur fut ouverte et que le rôdeur vit ce qu'il y avait de l'autre côté, il eut un doux grondement dans sa gorge. Il ronronnait. Ici, en effet, se trouvait la fin de la piste.

Après avoir examiné les minuscules marques poinçonnées dans l'oreille du rôdeur, Anton Rosso paya volontiers. Il ne pouvait y avoir de doute ; c'était bien là le 22 X 101 qu'il avait perdu il y a longtemps. Il l'avait retrouvé. Le célèbre zoologiste n'avait pas eu un tel coup de chance depuis bien des années. Il congédia brièvement le visiteur des niveaux inférieurs qui comptait sa liasse de bons de crédit et porta son attention sur 22 X 101.

— Eh bien, mon vieux, dit-il joyeusement, je ne m'attendais pas à te revoir ici ! Quelle chance ! Pour nous deux, bien que tu ne le saches pas. Ou peut-être que si, tu as l'air content...

Il prit la grande tête du rôdeur dans ses deux mains et regarda longtemps, profondément dans les yeux de la bête. Puis il siffla silencieusement.

— Un miracle, presque un miracle ! s'écria-t-il d'un ton triomphant. Et dire qu'on croyait ta race éteinte ! Allez, mon vieux, viens, on commence tout de suite.

Le rôdeur frotta son museau contre les mains blanches et fines de Rosso, puis le suivit en trottant dans une pièce voisine dont les murs blancs étincelaient et où régnait une odeur de propreté. Il y avait là un fouillis d'appareils complexes et des tables couvertes de molleton.

— Allez, mon grand, saute, fit Rosso en montrant une des tables.

Les ordres, prononcés doucement, transmettaient quelque chose de compréhensible. Le rôdeur fit un bond agile et gracieux, puis se coucha sur la table, le menton entre ses pattes. Il tremblait à l'avance car il savait instinctivement que quelque chose d'important et de désirable allait lui arriver. Le rythme de son ronronnement s'accéléra sous l'effet de l'excitation.

Rosso souriait, enchanté, puis appela à pleins poumons :

— Strawn !

Un deuxième homme en blouse blanche entra dans la pièce et regarda le rôdeur.

— Nom d'un chien ! s'écria-t-il. D'où sort-il, celui-là ? C'est un...

— C'est 22 X 101.

L'autre ne réagit pas.

— Ah oui, j'oubliais, expliqua Rosso. Vous n'étiez pas encore là, à ce moment. Cet animal est le dernier survivant de la série 22 X. C'est celui qui fut emporté par sa mère dans la brousse juste après sa naissance. Il a en lui une qualité que je n'ai jamais pu reproduire... Vous savez, les chromosomes Woth. Et des greffes de glandes. Même des cellules de cerveau humain.

Strawn reprit sa respiration et dit :

— Il n'a pas l'air...

— Non, pas encore. Il lui faut une piqûre de l'hormone synthétisée, 2XI. La métamorphose s'ensuivra.

— La métamorphose !

— Pas physique... mentale. (Rosso releva ses manches, se dirigea vers le lavabo et continua :) Ne restez pas là à le dévisager. Allez chercher la fiole.

— Il est extraordinaire ! insista Strawn, ses yeux braqués sur le rôdeur. Vous le destinez peut-être à Lolita ?

— Lolita ! Vous plaisantez ! se moqua Rosso. Elle n'aura jamais assez de fric. Cet animal vaut une petite fortune.

Strawn haussa les épaules et dut faire un effort pour arracher son regard du grand chat jaune. Il se dirigea vers l'officine où les liquides et les poudres mystérieuses de Rosso étaient entreposés.

Le rôdeur, bien entendu, ne pouvait savoir ce qui se préparait, mais un sixième sens lui disait que tout était dans l'ordre et que tel était son destin. Il devinait que les désirs profonds de son être, qu'il n'avait jamais compris, allaient enfin s'épanouir. La vieille vie, il en était certain, était à jamais derrière lui. Une nouvelle existence allait s'ouvrir.

Quand Rosso s'approcha de la table, un cylindre luisant à la main, le rôdeur frissonna d'extase par anticipation. Quand l'aiguille hypodermique s'enfonça entre ses omoplates, il n'eut qu'un léger tressaillement et il leva la tête vers le visage sérieux et maigre de Rosso. Un feu liquide coula soudain dans ses veines et le visage humain au-dessus de lui se brouilla et disparut.

Le laboratoire et la profession de Rosso étaient uniques dans les annales de la science. Ils avaient été transmis de père en fils pendant quatre générations. Tout comme ses ancêtres paternels avant lui, Rosso était un expert cytologue, biologiste, vétérinaire, ainsi que psychologue. Il fournissait des animaux hybrides d'une intelligence presque humaine aux habitants des niveaux supérieurs qui vivaient dans le luxe. Ces animaux leur tenaient compagnie, passaient en attractions dans des théâtres privés, ou même apparaissaient dans des émissions publiques au vidéophone.

Plus d'un siècle auparavant, après le regroupement de la population de l'Union nord-américaine dans les onze villes et l'achèvement de la mécanisation de ces villes, il y avait eu une épidémie désastreuse qui avait provoqué l'ordre gouvernemental d'exterminer tous les animaux domestiques de l'Union. Les terres incultes étaient déjà vidées depuis longtemps de toute vie animale ; il n'existait plus que des meutes de chiens errants et sauvages. Ainsi, des millions d'enfants et de femmes solitaires furent privés d'une compagnie animale.

Le Rosso de cette génération avait vu dans la situation une possibilité de faire des affaires. Comme c'était un biologiste de grande expérience et, à sa façon, un amoureux des animaux, il avait loué un avion pour aller à la recherche de certaines bêtes dans les jungles qui existaient toujours au cœur de l'Afrique et de l'Amérique du Sud. Il voulait créer une nouvelle race d'animaux domestiques. Il était revenu secrètement en Union nord-américaine avec une cargaison d'animaux sauvages de toutes sortes, parmi lesquels se trouvaient de nombreux félins de diverses espèces. C'est alors que le travail commença.

Au début ses efforts ne furent pas couronnés de succès et un certain nombre de ces animaux moururent dans les premiers stades de ses expériences. Il réussit néanmoins à créer plusieurs espèces nouvelles par des procédés d'inoculation, de manipulation de glandes endocrines et le croisement des races. Les ancêtres des nouvelles lignées comprenaient : *Félis Léo, Cynaelurous jabata, Félis serval* et *Félis concolor.*

Au fil des années, le premier Rosso et ses descendants surent de plus en plus de choses sur le contrôle des gènes transmissibles, la nutrition par hormones synthétisées et naturelles, les transplantations de glandes entières et de cellules cérébrales et nerveuses. Ils produisirent des animaux de plus en plus beaux et parvinrent à leur donner une intelligence proche de celle de l'homme. Anton Rosso, avec sa série des 22 X, avait produit une espèce presque pure qui avait été brusquement interrompue par la perte du rôdeur. Maintenant, il allait la continuer.

Les animaux de Rosso, d'une race moins pure et beaucoup moins intelligente, avaient déjà atteint de belles sommes auprès des habitants des niveaux supérieurs qui les voulaient comme animaux domestiques et auprès de la profession théâtrale qui s'en servait sur scène. Un animal tel que 22 X 101 avait certainement une valeur marchande bien plus grande que tous ceux vendus jusqu'à présent. Il suffisait, maintenant, que les hormones qu'il avait injectées fassent leur travail.

Quand Rosso avait dit à Strawn, son assistant, qu'il y aurait une métamorphose, il n'avait pas exagéré. Son père avait beaucoup appris sur les métamorphoses mentales que l'on pouvait accomplir en se servant d'hormones après leur avoir apporté les modifications cytologiques habituelles sur les embryons dans les opérations prénatales. Après de longues recherches et de nombreuses expériences, Anton Rosso avait amélioré ces méthodes. Il avait créé 22 X 101, un animal ayant des possibilités jusqu'alors insoupçonnées. Il avait sondé les mystères de la métamorphose physique qui se produit chez les animaux comme la grenouille. En effet, la transformation du têtard en grenouille adulte est considérablement accélérée en nourrissant celui-ci d'extraits thyroïdiens. Maintenant, il mettait en pratique l'expérience qu'il avait acquise.

Cela faisait plus de quatre heures que 22 X 101 était sous l'effet de la piqûre. Les électrodes de la machine de psycho-développement avaient été fixées sur sa grande tête pendant la majeure partie de ce temps. Elles avaient déversé dans son subconscient à la fois animal et humain une multitude de connaissances humaines. Les cellules cérébrales, désormais éveillées, emmagasinaient les complexités extrêmes des mathématiques, de la littérature, du langage et de la sociologie. Le rôdeur s'éveillerait instruit.

Il connaîtrait enfin la nature de ces instincts étranges qui, par moments, l'avaient intrigué.

Lolita, la célèbre actrice des théâtres de l'élite, était présente quand 22 X 101, le félin au pelage jaune, reprit connaissance. Elle eut le souffle coupé de ravissement, quand il ouvrit les yeux et le regarda.

— Regarde, Phil, gloussa-t-elle, ses yeux sont bleus, comme ceux d'un homme. On dirait qu'il veut me parler.

L'homme à côté d'elle était Phil Strawn, l'assistant de Rosso. Il était nerveux et inquiet. Ils n'auraient pas dû pénétrer dans la salle d'opération.

— Oui, admit-il, c'est vrai. D'ailleurs, il est possible qu'il puisse parler un de ces jours. Rosso songe à opérer ses cordes vocales.

Le rôdeur avait entendu et tout compris. Les mots avaient désormais des sens bien précis. Son cœur fit un bond à l'idée qu'un jour il pourrait effectivement parler ce langage qui désormais était le sien. Il continua de dévisager Lolita. Son esprit nouvellement éveillé s'enflamma à la pensée de dieux et de déesses humains. Il l'adora sur-le-champ.

La jeune femme dut comprendre l'intensité de ses sentiments car elle recula, gênée. On ne pouvait s'y tromper, les yeux bleus de ce grand chat brillaient de passion.

— Phil, chuchota-t-elle après un moment, c'est vraiment lui le plus beau. Regarde comme sa fourrure est dorée, et ses yeux, on dirait qu'il comprend tout. Il est merveilleux.

Strawn poussa un grognement. Ce grand chat avait en effet des qualités si proches de l'homme qu'il en frissonna. L'animal était *trop* humain. C'était presque un sacrilège de faire une chose pareille, de jouer ainsi avec les lois de la nature...

Ses pensées furent brusquement interrompues par les cris enthousiastes de la jeune femme :

— Phil, je le veux et je l'aurai ! Même s'il faut que je le vole, ou que je vole pour l'avoir. C'est un miracle. Tout simplement, un miracle. D'ailleurs, c'est comme ça que je vais l'appeler. Dans mon numéro, il sera Miracle. Allez, viens, Miracle, lève-toi, voyons de quoi tu as l'air sur tes pattes.

— N... non, protesta Strawn nerveusement, Rosso va...

Mais le rôdeur avait compris et il obéit. Il secoua sa grande tête pour se débarrasser des électrodes, puis bondit à terre. Tout en regardant Lolita, il étira voluptueusement ses membres engourdis. Son ronronnement était éclatant et victorieux. Désormais il répondrait au nom qu'elle lui avait donné : Miracle.

— Oh ! qu'il est beau, soupira Lolita. Est-ce qu'il saura jouer avec les cartons ? Phil, va chercher les tableaux et voyons ce qu'il sait faire.

— Rosso va arriver ! protesta l'assistant.

Lolita secoua fièrement la tête.

— Je m'en charge. Va chercher les tableaux.

Strawn installa deux grands tableaux. Sur le premier il y avait les chiffres et les symboles mathématiques les plus courants, sur l'autre, des mots imprimés.

— Regarde, Miracle, dit la jeune fille, brûlant d'impatience, tu comprends ?

Le rôdeur fit un bruit sourd dans sa gorge. Ah ! Si seulement il pouvait posséder ce don de la parole, comme l'avait suggéré Strawn.

— Si tu comprends, fais oui de la tête, comme ça.

Lolita hocha la tête.

Le grand chat jaune l'imita solennellement.

— Quelle est... quelle est la racine cubique de 27 ? demanda Strawn en hésitant.

— Montre le chiffre, ajouta la jeune femme.

Miracle s'approcha du tableau et tendit une patte. Elle était trop large et maladroite : elle recouvrait une douzaine de chiffres. Délicatement, il sortit une griffe courbe et effilée et gratta le chiffre 3.

— En effet, un miracle, admit Strawn.

— Comment est-ce que je m'appelle ? demanda Lolita.

Le rôdeur métamorphosé épela le nom en montrant les lettres sur le deuxième tableau. Puis il chercha des mots sur le même tableau et les trouva. « J'ai faim », indiqua-t-il rapidement.

— Mon Dieu ! fit Strawn en s'étranglant. Il est humain... c'est horrible.

— C'est merveilleux, rectifia la jeune actrice, ses yeux noirs pétillants d'enthousiasme. Phil, trouve-lui quelque chose à manger.

Elle s'agenouilla sur le sol métallique et prit doucement la grande tête de Miracle dans ses bras.

À chaque battement de cœur, il souffrait dans sa large poitrine. La faim de l'âme était plus douloureuse que celle du corps.

Strawn n'était pas encore parti chercher la nourriture que, soudain, Rosso était dans la pièce et criait. Le rôdeur fit le gros dos, se planta devant la jeune femme et souffla d'une façon menaçante.

Le rire argenté de Lolita détendit l'atmosphère.

— Je ne le vendrais pas pour un million, lui dit Rosso un peu plus tard. Même pas deux millions. Pour le moment il m'est indispensable. Il faut que je perpétue sa race. Une fois que j'aurai assuré cela, eh bien, une douairière des hauts niveaux sera prête à me donner la somme que je demande. Tu ne peux pas l'acheter, Lolita.

— Il faut absolument que je l'aie, dit-elle, les larmes aux yeux.

Miracle avait mangé copieusement et de bon appétit son premier repas synthétique. Il était maintenant couché aux pieds de Lolita. Rosso contempla le grand chat en plissant les yeux.

— Tu as l'air d'avoir fait sa conquête, dit-il lentement.

— Il m'a conquise, lui aussi. Tu ne te rends pas compte... Mon numéro avec lui sera un énorme succès. Ils n'en reviendront pas. C'est un acteur-né. Si tu nous en donnes le temps, on pourra te payer.

— Il n'en est pas question.

Rosso se leva de sa chaise et parcourut la pièce de long en large.

Miracle se rendait compte qu'il était indécis. Il se leva et marcha derrière lui, se frottant à ses jambes, essayant d'ajouter son propre plaidoyer à celui de Lolita.

— Nom d'une pipe ! s'exclama Rosso en s'asseyant de nouveau. Écoute, voilà ce qu'on va faire. Si tu l'assures pour deux millions, si tu promets de me le laisser pendant les week-ends et si tu me donnes la moitié des bénéfices de ton numéro, tu peux l'avoir pendant un an. Après on verra.

Strawn, qui venait de les rejoindre, faisait grise mine aux démonstrations de Lolita. Dans sa joie et son excitation, elle s'était jetée aux pieds de Rosso et l'étreignait. Miracle soupçonna Strawn d'être amoureux de la jeune actrice et il en ressentit de la jalousie. Il parvint à émettre un étrange grognement de sa gorge. Strawn sursauta et le dévisagea avec méfiance.

Il y eut des hommes de loi et des contrats. Ensuite, Miracle partit avec Lolita.

Puis vint une longue période d'entraînement et ce fut pour Miracle des jours de bonheur intense. Il apprit à marcher sur les pattes de derrière et à porter des vêtements humains. Il apprit également à faire des acrobaties très savantes et un numéro de danse extrêmement gracieux avec Lolita. On construisit pour lui un énorme instrument ressemblant à une machine à écrire, mais qui projetait sur un écran des lettres de cinquante centimètres de haut quand il enfonçait les touches. Par son truchement, il parvenait à converser intelligemment et à répondre aux questions que pouvait lui poser le public.

Un chirurgien célèbre lui fit une première opération à la gorge qui le rendit malade pendant trois jours. La deuxième opération n'aurait pas lieu avant plusieurs mois et il faudrait peut-être attendre encore plus d'un an avant qu'il ne puisse parler avec une voix d'homme. Mais l'idée l'enchantait et il y pensait sans arrêt.

Il était constamment avec Lolita. Quand ils se montraient ensemble dans la rue ou dans un lieu public, chaque fois il y avait presque une émeute. Aussi, la plupart du temps, restaient-ils dans leur appartement des hauts niveaux ou dans les salles de répétition. La jeune fille lui faisait la lecture pendant des heures entières tandis qu'il restait enroulé à ses pieds, heureux de son sort.

La première représentation publique arriva enfin. Elle se déroula devant les caméras et les micros de la compagnie des vidéophones. Ce fut un immense succès. Du jour au lendemain, toute la ville, pourtant blasée de tels spectacles, ne parla que de Lolita et de Miracle. Ils furent immédiatement engagés par les petits théâtres de l'élite qui ne donnaient que des représentations privées. C'était là que Miracle éprouvait le plus de plaisir car il y côtoyait les hommes de plus près et c'était là que l'affection que Lolita lui vouait était le plus manifeste.

Ce fut également dans un de ces théâtres que se produisit l'événement qui allait entraîner l'effondrement du nouvel univers du rôdeur. Une grosse femme couverte de bijoux, assise au premier rang, monta sur la scène immédiatement après la représentation, avant même la fin des applaudissements.

— Mademoiselle Lolita, commença-t-elle tout essoufflée. Je veux acheter Miracle. Je suis la femme du gouverneur de Chicago et je suis prête à payer la somme que vous voulez.

Lolita était une petite femme menue, toute en courbes gracieuses, qui atteignait à peine l'épaule de Miracle debout à ses côtés. La force avec laquelle elle le serra dans ses bras, cependant, le laissa un instant le souffle coupé.

— Il n'est pas à vendre, dit-elle fermement.

La grosse douairière n'allait pas en rester là.

— Il paraît, dit-elle calmement, que vous avez Miracle seulement en location. J'irai voir Rosso...

Puis elle descendit majestueusement de la scène, laissant Lolita qui pleurait sur les revers de satin de l'habit de Miracle. Le rideau descendit devant eux.

Rosso passa chez Lolita le lendemain.

— On m'offre trois millions pour Miracle, dit-il sans ménagements.

— Tu ne peux pas le vendre. En tout cas, pas avant que mon année ne soit achevée. N'oublie pas, j'ai un contrat.

Rosso eut un sourire supérieur.

— Relis-le bien, dit-il, tu verras qu'il y a une clause qui me donne le droit d'annuler nos accords si on m'offre plus de deux millions pour lui.

Les douces épaules de Lolita s'affaissèrent. Elle se souvenait d'avoir lu cette clause, mais à l'époque elle ne l'avait pas prise au sérieux. La somme paraissait trop énorme.

— Rosso, supplia-t-elle, ta part des recettes s'élève déjà à trois mille par semaine et ça va augmenter. Je t'en prie, laisse-le-moi.

— J'ai besoin de la somme tout de suite. Est-ce que je l'emmène maintenant, ou dois-je user de violence ?

La jeune actrice se jeta à terre et serra la tête de Miracle dans ses bras blancs.

— Tu devras me faire un procès, dit-elle avec défi. Et n'essaye pas de le prendre de force. Miracle te mettrait en pièces.

Comme pour ajouter foi à ces paroles, le rôdeur de jadis se redressa vivement, les pattes tendues. Entraînée par le mouvement, Lolita se retrouva debout. Rosso recula, effrayé.

— C'est bon, tu as gagné, bredouilla-t-il. Mais pas pour longtemps, Lolita. En moins de vingt-quatre heures, j'aurai un ordre de saisie du tribunal et je reviendrai avec le shérif. Et la police-robot.

Il sortit en claquant la porte.

La jeune fille enfouit son visage dans la fourrure épaisse de Miracle et sanglota dans son oreille :

— On se sauvera. Ce soir. Je prendrai mon autocoptère et nous irons en Amérique du Sud. Après tout, j'en suis citoyenne. Il ne pourra pas nous faire extrader.

Miracle tremblait d'émotion. Il frotta son museau doucement contre la belle tête penchée vers lui. Plus que jamais, il désirait le don de la parole.

Ils passèrent la plus grande partie des dernières heures avant le dîner à chahuter bruyamment dans le gymnase, car Lolita était trop nerveuse et bouleversée pour lui faire la lecture. Miracle était très heureux. Il n'avait jamais adoré autant que ce jour-là cette fine silhouette en collants de soie.

Quand la nuit tomba, ils se trouvaient déjà sur les toits de la ville bourdonnante. Personne ne les vit décoller dans l'autocoptère de Lolita... tout au moins, ils ne remarquèrent personne. Ils volaient vers le sud-ouest depuis moins d'une heure, quand soudain le vidéophone de Lolita se mit à sonner bruyamment. On les suivait.

— Je réponds ? demanda la jeune fille d'une voix hésitante.

Miracle ressentit un creux dans le ventre mais fit oui de la tête.

Ce fut l'image de Phil Strawn qui apparut dans l'appareil. Son visage était tendu et inquiet.

— Lolita, commença-t-il d'une voix rauque. J'ai quitté Rosso. Je veux te rejoindre. Tu veux bien ?

Miracle vit la jeune fille rougir et ses doigts trembler sur les commandes.

— Nous survolons les terres incultes, protesta-t-elle faiblement.

— Je suis juste derrière, dans mon propre autocoptère, répondit-il. Tu n'as qu'à atterrir. Je te rejoins.

Miracle ne bougea pas tandis que le petit autocoptère descendait vers la brousse qui lui était maintenant si étrangère. Il ne bougea pas non plus, un peu plus tard, quand Strawn ouvrit la porte et vint s'asseoir à côté de Lolita. Il attendit qu'elle se blottisse dans les bras de l'homme.

Alors le rôdeur s'échappa silencieusement par la portière et disparut dans la nuit. Tout s'était effondré en un instant : il avait compris que l'adoration qu'il vouait à sa déesse la privait de sa vie luxueuse ; que l'affection qu'elle lui portait la détachait de ses amis. C'était une situation impossible. Après tout, il n'était que le rôdeur des terres incultes ; c'était là qu'il devait retourner.

Les habitations des hommes n'étaient pas pour lui. Là, ses instincts, ses désirs et ses qualités ne lui apporteraient que des ennuis. Le don de la parole qu'il avait tant souhaité aurait rendu sa vie parmi eux encore moins confortable. Il était un anachronisme, un animal différent de tous les autres. Alors, qu'il en soit ainsi.

Il partit doucement dans la pénombre et ne se retourna pas une seule fois avant d'être bien loin des deux minuscules aéronefs. Lorsqu'il hasarda un regard en arrière, il distingua à peine les autocoptères qui n'avaient pas bougé. Il revit Lolita dans les bras de Strawn et, un instant, il souffrit du sentiment humain de la jalousie. Puis une qualité supérieure dont il avait été artificiellement doté vint à son aide. Il ressentit une profonde satisfaction quand il réussit à se persuader que désormais Lolita serait heureuse. L'amour de Strawn lui ferait rapidement oublier l'affection qu'elle avait éprouvée pour un chat jaune.

Le rôdeur leva les yeux vers le ciel où les traînées lumineuses des avions stratosphériques se confondaient avec le scintillement des étoiles. L'aboiement au loin d'une meute de chiens sauvages le fit revenir à la réalité et il s'élança dans les vastes étendues des terres incultes.

1935

Clark ASHTON SMITH

La mort d'Ilalotha

Celui que son ami Lovecraft surnommait affectueusement Klarkash-Ton est né et mort en Californie (janvier 1893-août 1961). Ses « études » se bornèrent à cinq années d'école communale, ce qui ne l'empêcha pas de devenir poète, écrivain, peintre et sculpteur avec un égal bonheur.

Les trois grands amis épistolaires, Smith, H.P.L et Two-Gun Bob, ne purent jamais se réunir, faute de l'argent nécessaire au voyage. Il vivait sur la côte Ouest, Lovecraft à l'est et Robert Howard plein sud, au Texas. Et, après le suicide du créateur de Conan et sachant H.P.L. au plus mal, Smith cessa presque complètement d'écrire en 1936. Il est étonnant de constater que toute son œuvre écrite, une centaine de récits publiés dans Wonder Stories, Weird Tales, *etc., a été rédigée en seulement six ans ! Plusieurs de ses textes se rattachent au mythe de Cthulhu imaginé par Lovecraft, d'autres se déroulent dans une Auvergne magique.*

Clark Ashton Smith est aussi l'auteur d'un court roman qui marqua beaucoup les auteurs et fans de S-F d'avant-guerre : La Cité de la Flamme chantante. *Le très intellectuel Britannique Brian Aldiss a écrit un jour qu'à l'âge de douze ans il avait pleuré en lisant ce récit. Smith a commenté la genèse de ce texte devenu un classique : « Plusieurs de mes récits font appel à la notion de passage d'une dimension à une autre ; parmi eux je pense que* City of the Singing Flame *est le meilleur. J'en ai eu l'idée au cours d'excursions dans de hautes sierras. Un jour, je me suis approché d'un endroit appelé Crater Ridge, celui-là même que décrit mon héros. C'est un lieu sauvage, fantastique, dont l'aspect déconcerte. Même du point de vue géologique, il est différent de la région environnante. Ce site m'a profondément impressionné et, au premier regard, j'ai eu l'idée que l'entrée d'un monde y était tapie. À la vérité, je n'ai pas exploré Crater Ridge, toutefois je ne jurerais pas que les colonnes brisées, découvertes par le narrateur dans mon récit, ne se trouvent pas réellement là, cachées par les blocs de rochers aux formes étranges qui y abondent. »*

Ce récit était trop long pour figurer au sommaire de la présente anthologie, aussi est-ce une des meilleures nouvelles de Clark Ashton Smith parue dans Weird Tales *que vous allez découvrir ici.*

Selon la coutume de l'antique Tasuun, les obsèques d'Ilalotha, dame d'honneur de la reine veuve Xantlicha, avaient été l'occasion de grandes réjouissances et de fêtes prolongées. Pendant trois jours Ilalotha avait été exposée, vêtue de vêtements d'apparat, sur un catafalque drapé de soies d'Orient aux vives couleurs, sous un dais aux teintes roses qui aurait pu abriter quelque couche nuptiale, au milieu de l'immense salle des festins du palais royal de Miraab. Tout autour d'elle, de l'aube au coucher du soleil, de la fraîcheur du crépuscule aux aurores torrides, la marée fébrile des orgies funèbres avait déferlé sans répit. Nobles, courtisans, gardes, souillons, astrologues, eunuques, grandes dames et esclaves de Xantlicha avaient pris part à cette débauche de luxure qui, croyait-on, pouvait le mieux honorer les disparus. On chanta des chansons obscènes, on dansa jusqu'au vertige aux sons lascifs des luths infatigables. Les vins et les liqueurs coulèrent à flots, versés d'amphores géantes ; les tables croulaient sous les mets épicés et les morceaux de viande sans cesse renouvelés. Les buveurs offraient des libations à Ilalotha, au point que les soieries du catafalque furent bientôt assombries par d'innombrables taches de vin renversé. Tout autour d'elle, dans des attitudes désordonnées ou abandonnées, gisaient ceux qui avaient été vaincus par le délire amoureux ou l'excès de boisson. Les yeux mi-clos, les lèvres entrouvertes, dans l'ombre rosée du dais, elle ne présentait aucun des aspects de la mort mais ressemblait plutôt à une impératrice endormie régnant impartialement sur les vivants et les morts. Cette apparence, ainsi qu'une étrange accentuation de sa beauté naturelle, fut remarquée par beaucoup d'assistants ; et certains affirmèrent qu'elle semblait plutôt attendre le baiser d'un amant que celui des vers.

Le troisième soir, alors que les lampes de bronze aux multiples mèches avaient été allumées et que les rites tiraient à leur fin, le seigneur Thulos, amant en titre de la reine Xantlicha, revint à la cour après une semaine passée à visiter son domaine des marches occidentales du royaume, ignorant tout de la mort d'Ilalotha. Il entra dans la salle à cette heure où la saturnale commençait à décliner et où les fêtards endormis étaient plus nombreux que ceux qui dansaient et buvaient et chantaient encore.

Il contempla le chaos de la salle sans grande surprise, car depuis son enfance de telles scènes lui étaient familières. Et puis, en approchant du catafalque, il reconnut la gisante avec quelque saisissement. Parmi les nombreuses dames de Miraab qui s'étaient attiré les faveurs libertines de Thulos, Ilalotha avait retenu plus longtemps que d'autres son attention ; et l'on disait que plus que toute autre elle avait pleuré son abandon. Elle avait été remplacée un mois plus tôt par Xantlicha, qui avait signifié ses désirs à Thulos sans ambiguïté ; et Thulos, peut-être, n'avait pas abandonné Ilalotha sans regret car le rôle d'amant de la reine, en dépit de ses avantages et de ses agréments, était quelque peu précaire. Tout le monde racontait que Xantlicha s'était débarrassée du roi Archain grâce à une fiole de poison découverte dans un tombeau, qui devait sa subtilité et sa virulence à l'art d'anciens sorciers. Après ce meurtre, elle avait pris de nombreux amants, et ceux qui cessaient de lui plaire connaissaient une fin non moins prématurée que celle d'Archain. Elle était violente, exigeante, réclamait une fidélité absolue qui irritait assez Thulos ; lequel, prétextant une affaire urgente dans ses lointains domaines, avait été heureux de s'échapper de la cour pour une semaine.

À présent, devant la jeune morte, Thulos oubliait la reine et songeait à certaines nuits d'été embaumées par le parfum des jasmins et la pâle beauté d'Ilalotha. Moins encore que les autres il ne pouvait la croire morte, car son aspect actuel ne différait en rien de celui qu'elle avait souvent assumé au cours de leur liaison. Pour satisfaire les caprices de Thulos, elle avait feint l'inertie du sommeil ou de la mort ; et, dans ces moments-là, il l'avait aimée avec une ardeur que ne venait pas troubler la véhémence féline qu'en d'autres instants elle déployait pour le satisfaire ou provoquer ses caresses.

D'instant en instant, comme s'il était le jouet d'une puissante nécromancie, il se sentit devenir victime d'une étrange hallucination, et il lui sembla qu'il était de nouveau l'amant de ces nuits perdues, qu'il pénétrait dans cette tonnelle au fond des jardins du palais où Ilalotha l'attendait sur une couche de pétales de fleurs, parfaitement immobile et comme morte. Il n'avait plus aucune conscience de la foule dans la salle, de la lumière vacillante des torches, des visages congestionnés : tout se transformait en un parterre au clair de lune où la brise caressait les fleurs endormies, et les voix des courtisans n'étaient que le soupir du vent dans les cyprès et les jasmins. Les tièdes parfums aphrodisiaques de la nuit de juin l'environnaient ; et comme autrefois il lui sembla qu'ils montaient tout autant du corps d'Ilalotha que des fleurs. Cédant à un désir intense, il se pencha et sentit le bras froid frémir imperceptiblement sous son baiser.

Alors, ahuri comme un somnambule réveillé trop brutalement, il entendit une voix qui siffla venimeusement à son oreille :

— Deviens-tu fou, mon seigneur Thulos ? En vérité, cela ne me surprend guère. Car nombreux sont ceux de mes gentilshommes qui prétendent qu'elle est plus belle morte que vivante.

Se détournant d'Ilalotha, tandis que l'étrange charme se dissipait, il vit Xantlicha à côté de lui. Ses vêtements étaient en désordre, ses cheveux dénoués et ébouriffés, et elle vacillait un peu, se retenant à son épaule avec une main aux ongles pointus. Ses lèvres charnues couleur de pavot étaient retroussées par la rage et, sous les paupières lourdes, ses yeux dorés luisaient de jalousie comme ceux d'une tigresse amoureuse.

Thulos, l'esprit bizarrement confus, ne se rappelait qu'à peine l'enchantement auquel il avait succombé ; il ne savait plus s'il avait réellement embrassé Ilalotha et senti sa chair frémir sous ses lèvres. En vérité, se dit-il, cette chose n'a pu se passer, j'ai fait un rêve éveillé. Mais il était troublé par les paroles de Xantlicha et par sa colère, comme par les petits rires avinés et les chuchotements salaces qu'échangeaient les gens autour de lui.

— Prends garde, mon Thulos, murmura la reine, semblant oublier son étrange colère. Car l'on dit qu'elle était une sorcière.

— Comment est-elle morte ? demanda Thulos.

— De nulle autre fièvre que celle de l'amour, selon la rumeur.

— Alors, sûrement, elle ne peut être sorcière, répliqua Thulos avec une légèreté bien étrangère à ses sentiments et à ses pensées. Car la véritable sorcellerie y aurait trouvé remède.

— C'était d'amour de toi, dit sombrement Xantlicha, et, comme toutes les femmes le savent, ton cœur est plus noir et plus dur que le jais. Aucune sorcellerie, quelle que soit sa puissance, ne peut prévaloir contre cela.

Alors même qu'elle parlait, son humeur parut s'adoucir brusquement.

— Ton absence a été bien longue, mon seigneur. Viens me voir à minuit ; je t'attendrai dans le pavillon du sud.

Puis, après l'avoir considéré un instant entre ses cils et lui avoir pincé le bras de telle façon que ses ongles percèrent l'étoffe et la peau comme les griffes d'un chat, elle se détourna de Thulos pour héler certains eunuques du harem.

Thulos, dès que la reine eut détourné de lui son attention, s'enhardit et regarda de nouveau Ilalotha, tout en réfléchissant aux curieuses réflexions de Xantlicha. Il savait qu'Ilalotha, comme bien des dames de la cour, s'était intéressée aux charmes et aux philtres ; mais il n'avait jamais été concerné par sa sorcellerie, car il nc pouvait s'intéresser à d'autres charmes et enchantements que ceux que la nature a accordés au corps de la femme. Et il lui était tout à fait impossible de croire qu'Ilalotha était morte d'une passion fatale puisque, d'après sa propre expérience, la passion ne pouvait jamais être mortelle.

À vrai dire, tandis qu'il la contemplait, en proie à des émotions confuses, il fut encore une fois frappé par l'impression qu'elle n'était pas vraiment morte. La singulière hallucination d'un autre temps et d'un autre lieu ne se répéta pas ; mais il lui sembla qu'elle avait changé de position sur le catafalque taché de vin, tournant légèrement sa tête vers lui, comme le fait une femme pour regarder l'amant qu'elle attendait ; que le bras qu'il avait embrassé (en rêve ou dans la réalité) était un peu plus écarté de son flanc.

Thulos se pencha, fasciné par le mystère et attiré par quelque chose de plus étrange encore qu'il ne pouvait nommer. Sûrement, il avait rêvé ou il s'était trompé. Mais alors même que le doute s'affirmait, il lui sembla que le sein d'Ilalotha bougeait imperceptiblement au rythme d'une faible respiration et il entendit un murmure presque inaudible qui lui fit battre le cœur :

— Viens à moi à minuit. Je t'attendrai... dans le tombeau.

Au même instant surgirent, près du catafalque, plusieurs hommes portant la tenue sombre des fossoyeurs, et qui étaient entrés silencieusement dans la salle, à l'insu de Thulos et du reste de la compagnie. Ils portaient un sarcophage aux parois minces, en bronze récemment fondu et bruni. Leur tâche était d'emporter la morte vers le sépulcre de sa famille, situé dans la vieille nécropole qui s'étendait au nord des jardins du palais.

Thulos voulut crier pour les en empêcher, mais sa langue resta collée à son palais ; et il fut incapable de faire le moindre geste. Ignorant s'il dormait ou s'il était éveillé, il regarda les hommes du cimetière placer Ilalotha dans le sarcophage et l'emporter discrètement, sans attirer l'attention des participants de l'orgie. Ce fut seulement lorsque le lugubre cortège eut disparu qu'il put enfin se mouvoir. Ses pensées étaient troublées, son esprit confus, plein de ténèbres et d'indécision. Succombant à une immense fatigue, assez normale après son long voyage, il se retira dans ses appartements et tomba aussitôt dans un profond sommeil.

Se libérant graduellement des branches de cyprès, comme des longs doigts griffus de sorcières, un quartier de lune plongea ses rayons d'argent par la fenêtre de la chambre où Thulos s'éveillait. Il comprit qu'il devait être près de minuit, et se rappela le rendez-vous de la reine Xantlicha ; un rendez-vous qu'il ne pouvait négliger sans encourir le déplaisir mortel de sa souveraine. Et aussi, avec une singulière précision, il se souvint de l'autre rendez-vous... à la même heure mais dans un autre lieu. Ces incidents et ces impressions aux obsèques d'Ilalotha qui, sur le moment, lui avaient paru si ténus et douteux, lui revenaient à l'esprit avec une stupéfiante clarté, comme s'ils avaient été gravés dans son âme par quelque acide mordant du sommeil... ou par le pouvoir d'un charme ensorcelé. Il était sûr, maintenant, qu'Ilalotha avait réellement bougé sur son catafalque et lui avait parlé ; que les fossoyeurs l'avaient emportée vivante au tombeau. Peut-être cette mort supposée n'avait-elle été qu'une espèce de catalepsie ; ou alors elle avait délibérément feint la mort dans un dernier effort pour ranimer sa passion. Ces pensées suscitèrent en lui une fièvre brûlante de curiosité et de désir ; et il revit sous ses yeux sa beauté pâle, inerte, luxurieuse, évoquée comme par enchantement.

Égaré, il descendit par l'escalier obscur et longea les sombres corridors, jusqu'au labyrinthe des jardins au clair de lune. Il maudit les exigences de Xantlicha, venues si mal à propos. Cependant, il se dit que fort probablement la reine, continuant de s'abreuver des liqueurs de Tasuun, devait avoir atteint depuis longtemps un état qui ne lui permettrait pas de se rendre au rendez-vous ni même de se le rappeler. Cette idée le rassura ; dans son esprit étrangement confus, elle devint bientôt une certitude ; et il ne se hâta point vers le pavillon du sud mais se promena au hasard dans le sombre bocage.

Il lui semblait de plus en plus improbable que d'autres que lui fussent éveillés ; car les longues ailes du palais étaient sombres et silencieuses et dans les jardins il n'y avait que des ombres mortes et des bassins d'odeurs immobiles où les vents s'étaient noyés. Et sur tout cela, comme un monstrueux pavot pâle, la lune distillait son sommeil livide.

Thulos, oubliant presque le rendez-vous de Xantlicha, céda sans plus de résistance au désir qui le poussait vers un autre but... En vérité, il éprouvait rien de moins qu'une obligation à visiter les tombeaux pour savoir si oui ou non il avait été trompé à l'égard d'Ilalotha. Peut-être, s'il n'allait pas au cimetière, étoufferait-elle dans le sarcophage clos, et sa prétendue mort deviendrait vite réalité. Encore une fois, comme s'ils étaient émis devant lui dans le clair de lune, il entendit les mots qu'elle avait chuchotés, ou paru murmurer, sur le catafalque : « Viens à moi à minuit... Je t'attendrai... dans le tombeau. »

Avec les pas rapides et le cœur battant de celui qui se dirige vers la couche parfumée d'une maîtresse adorée, il quitta les jardins du palais par une poterne du nord dépourvue de sentinelle et traversa le terrain herbeux séparant le palais du vieux cimetière. Sans le moindre frisson, sans crainte, il franchit les portes toujours ouvertes de la mort, où des monstres de marbre noir à têtes de goules, aux yeux creux hideux, tordus dans d'étranges postures, soutenaient les pylônes croulants.

L'immobilité même des pierres tombales, la pâle rigidité des hautes colonnes, la profondeur des ombres des cyprès noirs, l'inviolabilité de la mort investissant toutes choses ne firent qu'accentuer la singulière excitation qui enfiévrait le sang de Thulos, comme s'il avait bu un philtre corsé de mummia. Tout autour de lui le silence mortuaire semblait frémir et brûler des mille souvenirs d'Ilalotha, et de ces espérances auxquelles il n'osait encore donner une forme...

Une fois, avec Ilalotha, il avait visité le tombeau souterrain de ses ancêtres ; et, se rappelant nettement sa situation, il arriva sans aucune hésitation à l'arche basse et obscure de l'entrée. Des orties et des herbes à l'odeur fétide, envahissant ce seuil rarement franchi, avaient été piétinées par ceux qui étaient entrés là avant Thulos ; et la porte de fer forgé rouillé pendait lourdement sur ses gonds affaissés. À ses pieds, il vit un flambeau, lâché sans doute par un des fossoyeurs. En le voyant, il s'aperçut qu'il n'avait apporté avec lui ni chandelle ni lanterne pour explorer le caveau, et la découverte providentielle de cette torche lui parut un heureux auspice.

Portant le flambeau allumé, il commença son exploration. Il n'accorda que peu d'attention aux sarcophages poussiéreux empilés dans la première salle du souterrain ; car, au cours de leur visite de naguère, Ilalotha lui avait montré une niche, tout au fond du caveau où, à sa mort, elle reposerait parmi les membres de cette lignée décadente. Étrangement, insidieusement, comme l'haleine de quelque jardin verdoyant, le parfum langoureux et prenant du jasmin vint à sa rencontre dans l'atmosphère moisie, parmi les morts, et l'attira vers le sarcophage qui était posé, ouvert, entre d'autres solidement fermés. Alors il put contempler Ilalotha, gisant revêtue des habits d'apparat de ses obsèques, les yeux mi-clos et les lèvres entrouvertes ; elle rayonnait de la même étrange et radieuse beauté, de la même pâleur voluptueuse qui avait attiré Thulos par quelque charme nécromantique.

— Je savais que tu viendrais, ô Thulos, souffla-t-elle en bougeant un peu, comme involontairement, sous l'ardeur de ses baisers qui glissèrent rapidement de la gorge aux seins...

La torche, échappée à la main de Thulos, s'éteignit dans la poussière...

Xantlicha, qui s'était retirée fort tard dans sa chambre, dormit mal. Peut-être avait-elle trop bu, ou pas assez, des sombres crus vieillis ; peut-être son sang s'était-il enfiévré au retour de Thulos, et par sa jalousie était-elle encore troublée d'avoir vu le baiser brûlant qu'il avait posé sur le bras d'Ilalotha durant les obsèques. Elle se sentait agitée, et elle se leva bien avant l'heure de son rendez-vous avec Thulos pour aller à la fenêtre de sa chambre et respirer la fraîcheur de la nuit.

L'air, cependant, lui parut surchauffé comme par des fournaises secrètes ; elle eut l'impression que son cœur se gonflait dans son sein et l'étouffait ; et son agitation s'accrut plus qu'elle ne se calma au spectacle des jardins dormant sous la lune. Elle aurait volontiers couru à son rendez-vous dans le pavillon mais, malgré son impatience, elle se dit qu'il serait plus sage de laisser Thulos attendre. Accoudée à son balcon, elle le vit passer entre les arbres et les massifs de fleurs. Elle fut frappée par sa hâte insolite et par son pas résolu et s'étonna de la direction qu'il prenait, qui le conduirait à l'opposé du lieu de rendez-vous qu'elle lui avait précisé. Il disparut à sa vue dans l'allée bordée de cyprès menant à la poterne du nord ; et bientôt son étonnement se mêla d'alarme, puis de rage en ne le voyant pas revenir.

Xantlicha ne pouvait comprendre comment Thulos, ou aucun autre homme, oserait oublier le rendez-vous, s'il était dans son état normal ; et, cherchant une explication, elle supposa que cette attitude était causée par quelque redoutable et puissante sorcellerie. Et il lui fut facile, à la lumière de certains incidents qu'elle avait observés et au souvenir de nombreuses rumeurs, d'identifier la sorcière probable. Ilalotha, la reine le savait, avait aimé Thulos à la folie, et s'était montrée inconsolable quand il l'avait quittée. On disait qu'elle avait concocté des philtres et préparé des charmes pour le ramener à elle, en vain ; qu'elle avait, en vain, invoqué les démons et leur avait fait des sacrifices, qu'elle avait même tenté d'envoûter et de faire mourir Xantlicha. Finalement, elle était morte de jalousie et de désespoir, ou peut-être s'était-elle tuée avec un poison secret... Mais, comme on le croyait communément au Tasuun, une sorcière mourant ainsi, rongée de désirs inassouvis, pouvait se transformer en lamie ou vampire et parvenir à la consommation de tous ses charmes...

La reine frémit, en se rappelant ces choses ; et elle se souvint aussi de la hideuse et maléfique transformation qui, disait-on, accompagnait l'accomplissement de telles fins : car ceux qui utilisaient de cette façon les puissances de l'enfer devaient assumer le caractère même et l'aspect des créatures infernales. Elle n'imaginait que trop bien le but de Thulos, et le danger qu'il affronterait si ses soupçons étaient réels. Et, sachant qu'elle aurait peut-être à affronter un danger semblable, Xantlicha décida de le suivre.

Elle ne fit guère de préparatifs car elle n'avait pas de temps à perdre, mais elle prit sous les coussins de soie de son lit une petite dague à lame droite qu'elle gardait toujours à portée de la main. La lame avait été ointe de la pointe au manche avec un venin que l'on estimait efficace contre les vivants ou les morts. Tenant la dague à la main droite et portant de l'autre une lanterne sourde dont elle aurait certainement besoin plus tard, Xantlicha sortit sans bruit du palais.

Les dernières vapeurs des libations de la nuit se dissipèrent de son esprit et furent remplacées par une sombre terreur qui semblait lui chuchoter des avertissements avec la voix de fantômes ancestraux. Cependant, bien résolue, elle suivit le chemin emprunté par Thulos : le sentier pris auparavant par les fossoyeurs qui avaient porté Ilalotha à sa sépulture. Planant d'arbre en arbre, la lune l'accompagnait comme un visage rongé par les vers. Le léger claquement pressé de ses cothurnes, rompant le silence blanc, semblait déchirer le voile de toiles d'araignées qui la protégeait d'un monde d'abominations spectrales. De plus en plus vivement, elle se rappelait les légendes concernant les êtres comme Ilalotha ; et son cœur tremblait, car elle savait qu'elle ne rencontrerait pas une femme mortelle mais une chose surgie du septième cercle de l'enfer. Malgré tout, alors qu'elle se sentait glacée par ces horreurs, la pensée de Thulos dans les bras d'une lamie était comme un fer rouge qui lui brûlait le sein.

À présent, la nécropole s'étendait devant Xantlicha, et ses pas l'entraînèrent vers les ténèbres de l'allée passant sous la voûte des arbres funèbres. On eût dit qu'elle pénétrait dans une monstrueuse bouche obscure dont les dents eussent été les monuments funéraires. L'atmosphère devint nauséabonde, comme si une haleine fétide s'échappait de cryptes ouvertes. Là, la reine hésita, car il lui semblait que des noirs démons s'élevaient autour d'elle de la terre du cimetière, plus hauts que les colonnes et les cyprès, et tout prêts à l'assaillir si elle s'aventurait plus avant. Néanmoins, elle parvint finalement à l'ouverture noire qu'elle cherchait. D'une main tremblante, elle haussa la mèche de sa lanterne sourde ; et, la tenant devant elle pour percer de son faisceau lumineux les ténèbres souterraines, elle pénétra avec terreur et répugnance dans ce domaine des morts... et peut-être aussi des non-morts.

Cependant, alors qu'elle suivait les premiers corridors sinueux de ces catacombes, elle se persuada qu'elle n'y trouverait rien de plus abominable que de la moisissure et de la poussière, rien de plus redoutable que les sarcophages empilés qui bordaient les hautes parois de pierre, ces sarcophages qui étaient là, immobiles et silencieux, depuis l'instant où ils y avaient été déposés. Là, sûrement, le sommeil de tous ces morts n'avait pas été troublé, et le néant de la mort n'avait pas été violé.

La reine commençait même à douter que Thulos l'eût précédée dans ce lieu ; mais alors, abaissant sa lanterne vers le sol, elle distingua les traces de ses poulaines, longues et pointues, dans l'épaisse poussière, parmi les marques des chaussures grossières des fossoyeurs. Et elle vit que les pas de Thulos n'indiquaient qu'une seule direction, alors que les autres étaient visiblement allés et revenus.

Enfin, à une distance indéterminable dans les ténèbres au-devant d'elle, Xantlicha entendit un son semblable au gémissement d'une femme amoureuse se mêlant à un grondement de chacals se disputant une proie. Son sang afflua à son cœur comme de la glace tandis qu'elle continuait d'avancer lentement, pas à pas, serrant sa dague dans une main rejetée derrière elle, et levant très haut sa lanterne. Le son se précisa, plus fort et plus distinct ; et elle sentait aussi, à présent, comme un parfum de fleurs par une tiède nuit de juin. Mais à mesure qu'elle pénétrait dans le souterrain, le parfum se mêlait de plus en plus à une puanteur étouffante telle qu'elle n'en avait jamais respiré, à laquelle s'ajoutait une âcre odeur de sang.

Encore quelques pas, et Xantlicha resta figée, comme si le bras d'un démon l'avait arrêtée ; car la lumière de sa lanterne avait découvert la figure renversée et le torse de Thulos rejetés hors d'un sarcophage neuf en bronze luisant, qui occupait un étroit espace entre d'autres, couverts de vert-de-gris. Une des mains de Thulos était crispée sur le rebord du sarcophage et l'autre, bougeant faiblement, semblait caresser une forme vague qui se penchait au-dessus de lui avec des bras d'une blancheur de jasmin et des doigts sombres plongés dans son sein. La tête et le corps de Thulos paraissaient vidés, sa main accrochée au rebord de bronze était décharnée comme celle d'un squelette, et tout son être semblait avoir perdu son sang, bien plus que n'en témoignaient sa gorge et sa figure lacérées, ses vêtements et ses cheveux sanglants.

De la chose penchée sur Thulos émanait inlassablement ce son qui était à la fois un gémissement et un grondement. Et tandis que Xantlicha se tenait pétrifiée d'effroi et d'horreur, elle crut entendre surgir des lèvres de Thulos un murmure indistinct, plus d'extase que de douleur. Le murmure se tut et sa main retomba, si bien que la reine le crut tout à fait mort. Cela lui donna un tel courage, une telle fureur qu'elle s'approcha et haussa encore sa lanterne ; car, malgré son extrême panique, l'idée lui vint que, au moyen de sa dague empoisonnée et magique, elle pourrait tuer cette chose qui avait tué Thulos.

Lentement, la lumière vacillante monta, révélant progressivement l'infamie que Thulos avait caressée dans les ténèbres... Elle illumina même les bajoues barbouillées d'écarlate, et l'orifice aux crocs pointus qui était mi-bouche, mi-bec... jusqu'à ce que Xantlicha comprît pourquoi le corps de Thulos n'était plus qu'une cosse vide... Dans ce que voyait la reine, il ne restait rien d'Ilalotha à part les bras blancs voluptueux, et un vague contour de seins humains qui se fondirent sous ses yeux en des choses horribles, comme de l'argile modelée par un sculpteur infernal. Les bras aussi se mirent à changer et à s'assombrir ; et alors même qu'ils se transformaient, la main agonisante de Thulos s'anima encore une fois et tâtonna pour caresser cette horreur. Et la chose ne parut pas s'en apercevoir, et elle arracha ses doigts du sein de Thulos pour les tendre au-dessus de lui tandis que les membres s'étiraient horriblement, comme pour griffer la reine ou la caresser avec ses ongles ruisselants de sang.

Ce fut alors que Xantlicha laissa tomber sa lanterne et sa dague et s'enfuit en hurlant, ses cris interrompus par les éclats de rire de la folie.

1937

Lester del REY

Hélène A'lliage

Le jeune Ramon Felipe San Juan Mario Silvio Enrico Sierra y Alvarez del Rey (1915-1995) eut une enfance difficile. Sa mère mourut prématurément et son père était un pauvre fermier handicapé physiquement. Il affirmait n'avoir mangé à sa faim qu'à partir de douze ans lorsqu'il devint groom dans un cirque. À quinze ans il se maria avec une écuyère de trois ans son aînée en réussissant à faire croire qu'il avait l'âge légal, mais la jeune fille mourut quelques mois plus tard d'une chute de cheval.

*La carrière littéraire de Lester del Rey commença en 1932 et il devint un auteur d'*Astounding *à partir de 1937. C'est là qu'en 1942 parut en feuilleton son fameux roman* Nerves *(*Crise *en traduction) qui fut l'un des tout premiers à dénoncer les dangers qu'une centrale atomique fait courir aux populations civiles.*

Au début des années 1950 del Rey devint rédacteur en chef de Fantasy Magazine *puis de* Rocket Stories *et* Space Science-Fiction. *Il fut également anthologiste et critique littéraire. Sa quatrième femme, Judy-Lynn, était une naine remarquablement intelligente et douée d'un très bon flair d'éditrice. Les éditions Ballantine lui donnèrent la direction d'une collection de S-F sous la marque DEL REY BOOKS, ceci en l'honneur de Judy-Lynn, non de Lester. Il y collabora cependant activement et en reprit la direction à la mort prématurée de son épouse en 1986. Lester del Rey conserva cette activité jusqu'à son départ à la retraite fin 1991.*

Le titre original de la nouvelle présentée ici, Helen O'Loy, *joue sur l'assonance entre « oloy » et « alloy », c'est-à-dire alliage. Ceci explique qu'on puisse trouver ce texte en traduction sous deux titres différents, certains traducteurs ayant préféré garder le nom d'origine du robot.*

J'ai beau être vieux, à présent, je revois encore Hélène au moment où Dave l'a déballée. Et j'entends encore l'exclamation qu'il a poussée :

— Bon Dieu ! Ce qu'elle est belle !

C'était une beauté, un rêve de plastique et de métal que Keats avait peut-être vaguement pressenti quand il avait écrit son célèbre sonnet. Si Hélène de Troie lui avait ressemblé, les Grecs avaient été des moins que rien pour n'avoir armé qu'une flotte de mille vaisseaux. Ce fut, tout du moins, ce que je dis à Dave.

— Hélène de Troie ? (Il jeta un coup d'œil sur l'étiquette.) Ça sonne quand même mieux que... K2W88. Eh bien, soit ! Allons-y pour Hélène !

C'est ainsi que tout a commencé. Un peu de beauté féminine, un peu de rêve, un peu de science. Ajoutez une émission stéréo, mélangez le tout – et le résultat, c'est le chaos.

Dave et moi n'avions pas fait nos études ensemble. Mais quand j'arrivai à Messine, jeune médecin nouvellement installé, il tenait un petit atelier de réparation de robots juste en bas de chez moi. Nous nous sommes liés d'amitié et, lorsque je me mis à faire la cour à une fille, il trouva sa jumelle tout aussi séduisante et nous fîmes un quatuor.

Nos affaires respectives marchaient de mieux en mieux de sorte que nous pûmes louer une maison près du terrain de lancement des fusées. C'était bruyant mais le loyer n'était pas élevé et les fusées décourageaient les promoteurs. Nous aimions nos aises. Je suppose que, si nous ne nous étions pas bagarrés avec les jumelles, nous aurions fini par passer la bague au doigt. Mais Dave avait voulu assister au départ de la dernière en date des fusées vénusiennes alors que sa jumelle voulait, elle, écouter un stéréo avec Larry Ainslee. Et ils étaient aussi entêtés l'un que l'autre. À partir de ce moment, nous laissâmes tomber les filles et passâmes nos soirées à la maison entre nous.

Mais ce ne fut que lorsque « Léna » eut salé les steaks à la vanille que nous nous penchâmes sur le problème de l'affectivité des robots. Pendant que Dave la disséquait dans l'espoir de découvrir l'origine de l'erreur, nous nous mîmes tout naturellement à extrapoler sur l'avenir des arts mécaniques. Il était convaincu qu'un jour les robots dépasseraient les hommes. Moi pas.

— Écoute, mon vieux, répliquai-je. Tu sais bien que Léna ne pense pas... pas vraiment. Quand ses filaments ont fait des nœuds, elle aurait pu effectuer d'elle-même la correction. Mais non ! elle n'a pas pris cette peine. Elle s'est contentée de suivre aveuglément ses impulsions mécaniques. Un être humain se serait aperçu qu'il avait pris la vanille au lieu du sel et il se serait arrêté. Léna a une certaine intelligence mais elle n'a pas d'émotions. Elle n'a pas la conscience de son moi.

— D'accord, c'est le gros obstacle en ce qui concerne les biotes mécaniques aujourd'hui. Mais on le surmontera. On les dotera d'émotions mécaniques ou de quelque chose d'équivalent. (Il revissa la tête de Léna et la réactiva.) Allez, Léna ! Au travail. Il est dix-neuf heures.

Je me suis spécialisé dans l'endocrinologie et les disciplines apparentées. Je n'étais pas à proprement parler un psychologue mais je savais ce qu'étaient les glandes, les sécrétions, les hormones et *tutti quanti*, qui sont les causes physiques des émotions. Il avait fallu trois cents ans à la médecine pour apprendre comment et pourquoi elles fonctionnaient et j'étais sceptique quant à l'aptitude de l'homme à les reproduire par le truchement de substituts mécaniques en un laps de temps inférieur.

Je ramenai à la maison des livres et des revues pour prouver le bien-fondé de mon point de vue – Dave répliqua en me citant l'invention des bobines mémorielles et des yeux véritoïdes. Nous échangeâmes notre savoir respectif tout au long de l'année. Finalement, la théorie endocrinologique n'eut plus de mystère pour Dave. Quant à moi, j'aurais pu fabriquer Léna de mémoire. Et plus nous discutions, moins j'étais sûr que l'*Homo mechanensis* parfait constituât une impossibilité technique.

La pauvre Léna ! Son corps en cuprobézylium était la moitié du temps en pièces détachées. Le seul résultat de nos premières expériences fut qu'elle nous servit des brosses à dents sautées au petit déjeuner et qu'elle fit la vaisselle dans de l'huile synthétique. Mais le jour où elle nous prépara un dîner somptueux avec six filaments court-circuités, Dave fondit d'extase.

Il passa la nuit à refaire les circuits, ajouta un nouveau solénoïde et enseigna à Léna un contingent supplémentaire de mots. Le lendemain, elle piqua une crise et nous injuria avec véhémence quand nous lui dîmes que son travail laissait à désirer.

— C'est faux ! hurla t-elle en brandissant une brosse à succion. Vous êtes des menteurs ! Si vous me laissiez assez longtemps tout entière, j'arriverais peut-être à faire quelque chose de cette maison !

Nous la calmâmes et la persuadâmes de se remettre au travail. Dave me poussa dans le bureau et me dit :

— Pas la peine de prendre de risques avec Léna. On va supprimer son bloc adrénaline et la renormaliser, voilà tout. Mais il nous faut un meilleur robot. Une femme de ménage mécanique, ce n'est pas assez complexe.

— Qu'est-ce que tu penses des derniers modèles de robots domestiques que vient de sortir Dillard ? Je crois qu'ils combinent tout en un.

— C'est bien mon avis. Mais, quand même, il nous en faut un sur mesure avec un jeu complet de bobines mémoire. Et, par respect pour Léna, nous en commanderons un de type féminin.

Ce fut, bien entendu, Hélène. Les techniciens de chez Dillard avaient accompli un vrai miracle. Ils avaient mis tout leur talent à confectionner un parfait modèle féminin. Le plastique et la rubérite employés pour le visage avaient la flexibilité voulue pour exprimer les émotions et rien ne manquait à l'appel, ni les glandes lacrymales, ni les papilles gustatives. Tout était prêt à simuler les actions humaines, qu'il s'agisse de respirer ou de s'arracher les cheveux. La facture était un autre miracle mais nous raclâmes les tiroirs, Dave et moi. Néanmoins, nous dûmes nous défaire de Léna pour la régler et, après, il ne nous resta plus un fifrelin.

J'avais effectué une multitude d'opérations délicates sur les tissus vivants dont quelques-unes avaient même été d'une rare complexité mais j'avais néanmoins l'impression d'être un carabin de première année lorsque nous ouvrîmes le capot thoracique d'Hélène et commençâmes à sectionner les troncs « nerveux ». Les glandes mécaniques de Dave, de complexes petits faisceaux de tubes de radio et de fils à action hétérodyne qui modulaient les impulsions électriques de la pensée de la même façon que l'adrénaline modifie les réactions du cerveau humain, étaient prêtes.

Cette nuit-là, au lieu de dormir, nous nous plongeâmes dans les diagrammes structuraux, nous repérâmes le dédale des itinéraires mentaux du câblage, nous implantâmes les hétérones, comme les appelait Dave, à l'intersection des nerfs. Simultanément, un enregistrement mécanique soigneusement préparé injectait des pensées et la conscience de soi dans une bobine mémorielle auxiliaire. Dave était un homme qui ne prenait jamais de risques.

Le jour pointait quand ce fut terminé. Nous étions exténués mais exultants. Il ne restait plus qu'à mettre le moteur en marche. Comme tous les modèles de Dillard, Hélène fonctionnait non pas avec des batteries mais avec un générateur nucléaire miniature dont on n'avait plus à s'occuper une fois qu'il avait été activé. Mais Dave refusa de le mettre en marche.

— Commençons par dormir. Nous avons besoin de nous reposer. Je suis aussi impatient que toi de la tester mais nous sommes trop abrutis pour travailler sérieusement. Allons nous coucher. On s'occupera d'elle plus tard.

Cette suggestion ne nous plaisait pas plus à l'un qu'à l'autre mais c'était la voix du bon sens. Nous nous couchâmes donc et nous étions déjà endormis avant même que le climatiseur se fût ajusté à la température du sommeil.

Soudain, Dave me secoua l'épaule.

— Phil ! Eh ! Tu te réveilles, oui ou non !

Je poussai un grognement et me retournai.

— Hein ? Oh ! Qu'est-ce qu'il y a ? Est-ce qu'Hélène...

— Non, c'est Mme van Styler. Elle vient de vidéophoner. Son fils s'est amouraché d'une petite bonniche et elle veut que tu lui administres des antihormones. Ils sont dans le Maine dans un camp de vacances.

La vieille Mme van Styler était riche. Pas question de refuser maintenant qu'Hélène avait asséché mon compte en banque. Mais c'était un travail dont je me serais fort bien passé !

— Un traitement antihormones ! Mais ça va prendre deux semaines à temps complet ! Quand même ! Je ne suis pas un médecin du gratin qui tripote les glandes des gens pour les rendre euphoriques ! Mon boulot, c'est de m'occuper des vrais malades.

— Et, surtout, tu as envie de voir Hélène. (Il souriait mais son ton était sérieux.) Je lui ai dit que tu lui prendrais cinquante mille dollars.

— Quoi ?

— Elle a dit banco. À condition que tu te dépêches.

Il ne me restait évidemment qu'une seule chose à faire mais ç'aurait été avec allégresse que j'aurais tordu le cou adipeux de Mme van Styler. Cette histoire ne serait pas arrivée si elle avait employé des robots comme tout le monde. Seulement, elle ne pouvait rien faire comme tout le monde.

En conséquence de quoi, pendant que Dave s'employait à mettre Hélène en service, je me torturais les méninges pour trouver l'astuce qui me permettrait d'administrer les antihormones à Archy van Styler et de donner le même traitement à sa petite bonniche. Certes, je n'étais pas censé le faire mais la pauvre gosse était folle d'Archy. J'avais pensé que Dave m'écrirait mais je ne reçus pas le moindre mot.

Ce ne fut que trois semaines plus tard, et non deux, que j'avertis Mme van Styler que son fils était « guéri » et que je touchai mes honoraires. Dès que j'eus l'argent en poche, je louai une fusée individuelle et, une demi-heure plus tard, je débarquai à Messine. Je me précipitai à la maison ventre à terre.

Au moment où j'entrais dans le vestibule, j'entendis un claquement de talons et une voix vibrante s'éleva :

— Dave ? c'est toi, chéri ?

Comme je restais muet de surprise, la voix reprit avec, cette fois, une note de supplication :

— Dave ?

Je ne sais pas à quoi je m'étais attendu mais, en tout cas, pas à être accueilli de cette façon par Hélène : immobile, elle me considéra fixement, visiblement déçue, ses mains menues voletant sur sa poitrine.

— Oh ! Je croyais que c'était Dave ! s'exclama-t-elle. Il ne dîne presque plus jamais à la maison mais le repas est prêt. (Elle laissa retomber ses mains et parvint à sourire.) Vous êtes Phil, n'est-ce pas ? Dave m'a parlé de vous quand... au début. Je suis ravie que vous soyez de retour, Phil.

— Et moi, je suis content de vous voir en pleine forme, Hélène. (Quel genre de conversation à bâtons rompus peut-on avoir avec un robot ?) Ne m'avez-vous pas parlé de dîner ?

— Oh, si ! Je suppose que Dave a mangé en ville. Alors, autant passer à table. Ce sera chic d'avoir quelqu'un avec qui parler, Phil. Cela ne vous ennuie pas si je vous appelle Phil ? Vous savez, vous êtes un peu mon parrain.

Et nous avons dîné tous les deux. Je n'avais pas prévu un tel comportement mais, apparemment, manger était pour elle aussi naturel que marcher. Cela dit, elle ne fit que chipoter. Elle passait son temps à surveiller la porte.

Dave rentra au moment où nous finissions. Un pli long comme ça lui barrait le front. Hélène fit mine de se lever mais il se précipita droit sur l'escalier en se contentant de me lancer :

— Salut, Phil. Je te verrai plus tard là-haut.

Cette attitude ne lui ressemblait absolument pas. Son regard m'avait paru hanté. Quand je me tournai vers Hélène, je vis qu'elle avait les larmes aux yeux. Elle avala sa salive, refoula ses pleurs et se mit à engloutir rageusement ce qui restait dans son assiette.

— Qu'est-ce qu'il a ? lui demandai-je. Et vous, qu'avez-vous ?

— Il en a assez de moi. (Elle repoussa son assiette et se leva précipitamment.) Vous feriez mieux d'aller le rejoindre pendant que je fais la vaisselle. Et, en ce qui me concerne, tout va bien. D'ailleurs, ce n'est pas ma faute.

Elle se dirigea vers la cuisine avec les assiettes. J'aurais juré qu'elle pleurait.

Peut-être que la pensée n'est rien de plus qu'une chaîne de réflexes conditionnés. En tout cas, Hélène avait été intensément conditionnée pendant mon absence. Même dans ses bons jours, Léna était loin du compte ! Aucune comparaison. Je montai, impatient de savoir si Dave arriverait à m'expliquer ce salmigondis.

Il était en train de mélanger du soda à un verre d'alcool. La bouteille était presque vide.

— Tu bois un coup avec moi ?

C'était une bonne idée. Je ne reconnaissais plus rien dans cette maison sinon le rugissement familier d'une fusée ionique qui passait au-dessus du toit. À en juger par son expression, ce n'était pas la première bouteille que Dave séchait depuis mon départ. Et il avait de la réserve : il alla en chercher une pleine pour compléter son verre.

— Ça ne me regarde pas, évidemment, Dave, mais ce n'est pas ce régime qui te donnera des nerfs d'acier. Qu'est-ce qui vous est arrivé, à toi et à Hélène ? Vous avez vu des revenants ?

Hélène s'était trompée. Il n'avait pas dîné en ville. Ni ailleurs. La façon dont il s'affaissa au fond d'un fauteuil trahissait sa fatigue et sa nervosité mais elle trahissait surtout la faim.

— Alors, tu as remarqué ?

— Remarqué ? Mais ça saute aux yeux, mon vieux !

Il chassa une mouche imaginaire et s'enfonça encore un peu plus dans le siège pneumatique.

— J'aurais peut-être dû attendre ton retour avant de m'occuper d'elle. Mais si cette stéréo n'avait pas... enfin, c'est comme ça. Et tes bouquins à la noix ont fait le reste.

— Merci. Tout cela est d'une limpidité de cristal !

— Tu sais, Phil, je possède un petit domaine à la campagne. Une exploitation de fruits. Je la tiens de mon père. Je crois bien que je vais aller y faire un tour.

Et patati... et patata. Finalement, au prix de beaucoup d'alcool et de beaucoup de sueur, je lui arrachai une partie de l'histoire avant de lui donner un amytal et de le fourrer au lit. Ensuite, je me mis à la recherche d'Hélène et lui tirai à son tour les vers du nez. Enfin, je comprenais la situation.

Dès que j'étais parti, Dave l'avait activée et il avait effectué les tests préliminaires qui avaient été tout à fait satisfaisants. Hélène avait réagi de façon admirable de sorte qu'il avait décidé de la laisser et d'aller à son travail comme d'habitude.

Bien sûr, emplie comme elle était d'émotions vierges, elle était dévorée de curiosité et elle voulait qu'il reste avec elle. Alors, il eut une inspiration. Après lui avoir expliqué ce qu'elle aurait à faire dans la maison, il l'installa devant le stéréoviseur, trouva une émission documentaire – une histoire d'explorateurs – et il l'abandonna en tête à tête avec le poste.

Au documentaire succéda un feuilleton avec le séduisant Larry Ainslee, la coqueluche de ces dames, qui avait été à l'origine de nos déboires avec les jumelles. À propos, il avait un peu le physique de Dave.

Hélène absorba ce feuilleton comme une éponge qui s'imbibe d'eau. C'était la soupape d'échappement idéale pour ses émotions pas encore rodées. Quand l'épisode se termina, elle trouva sur un autre canal une histoire d'amour qui parfit un peu plus son éducation. Les programmes de l'après-midi étaient essentiellement composés de nouvelles et de musique mais il y avait mes livres. Elle mit la main dessus. Je dois avouer qu'en matière de littérature j'ai des goûts d'adolescent.

Elle était au mieux de sa forme quand Dave rentra. Le vestibule était parfaitement briqué, une bonne odeur de cuisine que la maison n'avait pas connue depuis de nombreuses semaines flottait dans l'air. Décidément, Hélène était une ménagère d'une suprême efficacité.

Aussi éprouva-t-il un choc quand deux bras musclés se nouèrent autour de lui et qu'une voix suave et frémissante lui murmura à l'oreille :

— Oh ! Dave chéri ! Comme vous m'avez manqué ! Comme j'étais impatiente que vous rentriez !

La technique d'Hélène était peut-être un peu rudimentaire mais l'enthousiasme était de la partie : Dave s'en rendit compte quand il essaya de se soustraire à ses baisers. Elle avait appris vite et avec avidité. Et puis, c'était un moteur atomique qui l'animait.

Dave n'était pas puritain mais Hélène n'était jamais qu'un robot. Que ses sentiments, ses gestes et son physique fussent ceux d'une jeune déesse, cela n'importait guère. Non sans peine, il se dégagea de l'étreinte d'Hélène et l'entraîna vers la salle à manger afin de faire diversion.

Après le dîner, quand elle eut tout rangé, il l'appela dans son bureau et lui fit la leçon. Il lui expliqua en long et en large qu'elle s'était conduite de façon déraisonnable. Il n'y alla pas de main morte : il la morigéna pendant trois heures d'horloge et tout y passa – la place qu'elle occupait dans la vie, la stupidité des stéréos, j'en passe et des meilleures. Quand il fut arrivé au bout de son rouleau, Hélène leva vers lui des yeux mouillés et murmura tristement :

— Je sais, Dave. Mais je vous aime quand même.

C'est alors qu'il commença à boire.

La situation s'aggrava de jour en jour. Quand il rentrait tard, il la trouvait en larmes. S'il arrivait à l'heure, elle se jetait dans ses bras et lui faisait de gros câlins. Il s'enfermait à clé dans sa chambre mais il l'entendait faire les cent pas en bas en parlant toute seule. Et quand il descendait, elle lui décochait des regards de reproche jusqu'à ce qu'il batte en retraite.

Le lendemain matin, je chargeai Hélène d'aller faire une course – ce n'était qu'un prétexte futile – et, quand elle fut partie, j'obligeai Dave à prendre un petit déjeuner digne de ce nom, puis je lui administrai un remontant. Il était apathique et cafardeux.

— Écoute-moi, Dave. Après tout, Hélène n'est pas humaine. Pourquoi ne pas la débrancher et lui changer quelques bobines mémorielles ? Il n'y aura plus alors qu'à la convaincre qu'elle n'a jamais été amoureuse et qu'elle ne pourra jamais l'être.

— Eh bien, essaye donc. La même idée m'est venue mais elle a poussé des hurlements capables de réveiller Homère lui-même. Elle prétendait que ce serait un assassinat – et le plus fort, c'est que, j'avais beau faire, j'étais du même avis. Elle n'est peut-être pas humaine mais quand elle prend son air de martyre et qu'elle te dit : « Allez-y ! Tuez-moi ! », je te jure qu'on ne le dirait pas.

— Nous ne l'avons pas équipée de substituts aux sécrétions présentes chez l'être humain pendant la période des amours.

— Je ne sais pas de quoi nous l'avons dotée. Peut-être que les hétérones ont eu un retour de flamme. Toujours est-il que cette idée est désormais si solidement enracinée dans ses pensées qu'il faudrait monter tout un jeu de bobines neuves.

— Et pourquoi pas ?

— Ne te gêne pas. C'est toi le chirurgien de la famille. Manipuler les émotions, ce n'est pas mon rayon. Et si tu veux que je te dise, depuis qu'elle se conduit de cette façon, je ne peux plus toucher à un robot. Je n'arrive plus à travailler, à l'atelier.

Il aperçut Hélène qui revenait et s'esquiva par la petite porte pour sauter dans l'express monorail. J'avais eu l'intention de l'obliger à se recoucher mais je le laissai partir. Peut-être se sentirait-il mieux à l'atelier qu'à la maison.

— Dave est parti ?

Elle avait son air de martyre.

— Oui. Je l'ai forcé à manger et il est allé travailler.

— Je suis contente qu'il ait déjeuné.

Elle se laissa choir dans un fauteuil comme si elle était épuisée. Qu'un être mécanique pût être fatigué, cela me laissait pantois.

— Phil ?

— Oui ?

— Pensez-vous que je lui sois nuisible ? Je veux dire... Est-ce que vous croyez qu'il serait plus heureux si je n'étais pas là ?

— Si vous continuez à agir comme vous le faites avec lui, vous allez le rendre fou.

Elle tressaillit et ses mains menues s'agitèrent avec des gestes de supplication. J'avais l'impression d'être une ignoble brute mais, maintenant que j'avais commencé, il fallait aller jusqu'au bout :

— Même si je vous débranchais et si je changeais vos bobines, il serait sans doute encore obsédé par vous.

— Je sais mais je n'y peux rien. Et je serais une bonne épouse pour lui, vous savez, Phil.

Je déglutis avec difficulté. Les choses commençaient à aller un peu loin.

— Et vous lui donnerez aussi des tas de beaux garçons, sans

doute ? Un homme, ça veut de la chair et du sang, pas du caoutchouc et du métal.

— Non, Phil, je vous en prie ! Je suis incapable de me considérer de cette façon. Pour moi, je suis une femme. Et vous savez que ceux qui m'ont fabriquée ont parfaitement imité une vraie femme... sous tous les rapports. Je ne pourrai pas lui donner de fils, c'est vrai, mais dans les autres domaines... je n'ai pas ménagé mes efforts et je sais que je serais une bonne épouse.

Je renonçai.

Dave ne rentra ni ce soir-là ni le lendemain. Hélène était aux quatre cents coups. Elle voulait que je téléphone aux hôpitaux, à la police, mais j'étais tranquille, je savais qu'il ne lui était rien arrivé de fâcheux : il avait toujours ses papiers d'identité sur lui. Cependant, au bout de trois jours, je commençai à m'inquiéter à mon tour et, quand Hélène décida d'aller faire un saut à l'atelier, j'acceptai de l'accompagner.

Il y était en compagnie d'un homme que je ne connaissais pas. Je persuadai Hélène de se cacher dans un endroit où Dave ne pourrait pas la voir mais où elle pourrait tout entendre et j'entrai dans la boutique dès que le visiteur sortit.

Dave avait l'air d'avoir un peu repris du poil de la bête et il parut content de me voir.

— Salut, Phil. Je m'apprêtais justement à fermer. Allons manger un morceau tous les deux.

Incapable de tenir plus longtemps, Hélène surgit au même instant dans l'atelier.

— Viens à la maison, Dave. Il y a du canard rôti avec cette sauce épicée que tu aimes bien.

— Fiche-moi le camp !

Elle courba les épaules et fit mine de repartir mais il se reprit :

— Oh ! Et puis tant pis, reste. Autant que tu sois au courant, toi aussi. J'ai vendu. Le type que vous avez vu vient d'acheter l'atelier. Je me retire dans la ferme dont je t'ai parlé, Phil. Je ne peux plus voir les robots.

— Mais tu vas crever de faim ! rétorquai-je.

— Non, le marché des fruits qui poussent en pleine terre comme autrefois se développe de jour en jour. Les gens en ont assez des cultures hydroponiques. Mon père gagnait sa vie avec son verger. Le temps de rentrer faire mes valises et je pars.

— Je vous les ferai, s'entêta Hélène. Pendant que vous dînerez. Il y a des chaussons aux pommes pour le dessert.

Dave était fou des chaussons aux pommes. Elle ne l'avait pas oublié.

Hélène était un cordon-bleu. En vérité, c'était un vrai génie qui combinait tous les avantages de la femme et du robot. Dave mangea de bon cœur. Le dîner terminé, il s'adoucit et alla jusqu'à admettre qu'il avait un faible pour le canard et les chaussons aux pommes. Il remercia même Hélène d'avoir fait ses valises. Mieux encore, il l'embrassa avant de partir, bien qu'il refusât fermement de l'autoriser à l'accompagner jusqu'au terrain des fusées.

Elle essaya d'être courageuse et, après mon retour, nous eûmes une conversation décousue sur le thème de la domesticité de Mme van Styler. Mais, peu à peu, elle sombra dans l'apathie, les yeux fixés sur la fenêtre. Même la comédie stéréo la laissa froide et je fus content quand elle regagna sa chambre. Elle pouvait se débrancher pour simuler le sommeil à volonté.

À mesure que le temps passait, je commençais à comprendre pourquoi elle était incapable de se considérer comme un robot. Moi-même, en effet, je ne voyais en elle qu'une femme et une compagnie. Sauf quand – cela lui arrivait de temps en temps – elle s'isolait en proie au cafard ou quand elle se précipitait sur le téléscripteur dans l'espoir d'une lettre qui n'arrivait jamais, elle était la compagne rêvée pour un homme. Jamais la maison n'avait été aussi accueillante à l'époque de Léna.

Un jour, je l'emmenai à Hudson faire une partie de lèche-vitrines. Elle s'extasia avec ravissement sur les soies froufroutantes et les colifichets qui étaient alors à la mode, essaya d'innombrables chapeaux, bref, se conduisit comme n'importe quelle fille normalement constituée. Nous allâmes pêcher la truite. Elle se révéla aussi experte dans ce sport qu'un homme – et aussi silencieuse. J'étais aux anges et j'étais persuadé qu'elle commençait à oublier Dave. Je me rendis compte de mon erreur le jour où, rentrant plus tôt que d'habitude, je la trouvai en larmes, affalée sur le divan.

Je décidai alors d'appeler Dave. On eut du mal à le joindre et Hélène s'approcha de moi pendant que j'attendais. Elle était tendue et nerveuse comme une vieille fille qui essaye de se déclarer. Enfin, Dave fut en ligne.

— Que se passe-t-il, Phil ? me demanda-t-il à l'instant même où son visage apparaissait sur l'écran. J'étais justement en train de préparer mes valises pour...

Je l'interrompis :

— Cette situation ne peut plus durer, Dave. J'ai pris une décision. Ce soir, je vais démonter les bobines d'Hélène. Elle ne sera pas plus malheureuse qu'elle ne l'est présentement.

Hélène posa la main sur mon épaule.

— Cela vaut peut-être mieux ainsi, Phil. Je ne vous en veux pas.

— Tu ne sais pas ce que tu fais, Phil ! s'exclama Dave.

— Oh si ! Quand tu reviendras, tout sera réglé. Tu as entendu : elle est d'accord.

Un nuage obscur s'amoncela sur le visage de Dave.

— Je ne marche pas, Phil. Nous sommes ses propriétaires à cinquante cinquante et, en tant que copropriétaire, je te l'interdis formellement.

— Par tous les...

— Injurie-moi autant que cela te fera plaisir. J'ai changé d'avis. Quand tu as appelé, j'étais en train de faire mes paquets pour revenir.

Hélène fit un bond, me bouscula et balbutia, les yeux rivés sur le télécran :

— Dave, vous... est-ce que vous...

— Je comprends enfin que je me suis conduit comme un idiot, Hélène. Phil, je serai à la maison dans deux heures et si jamais il y a quelque chose...

Il n'eut pas besoin de me chasser du vidéophone mais, avant de refermer la porte, j'eus le temps d'entendre Hélène s'exclamer d'une voix mourante qu'elle adorerait être la femme d'un exploitant agricole.

En fait, je n'étais pas aussi surpris qu'ils le croyaient. Je pense que, lorsque j'avais appelé Dave, je savais déjà ce qui allait arriver. Ce n'est pas parce qu'on déteste une fille que l'on se conduit comme s'était conduit Dave. C'est seulement parce qu'on s'imagine qu'on la déteste... et à tort.

Jamais une femme n'avait été une aussi ravissante fiancée ni une aussi douce épouse. Hélène n'avait pas son égale pour faire la cuisine et pour tenir une maison. Après son départ, la demeure me paraissait vide et je pris l'habitude de passer à la ferme une ou deux fois par semaine. Je suppose qu'ils avaient des problèmes de temps en temps mais je ne m'en suis jamais aperçu et je sais que les voisins n'ont jamais soupçonné que ce n'était pas un couple comme les autres.

Dave prit de l'âge. Pas Hélène, évidemment. Mais – c'était un secret entre nous deux –, nous lui inventâmes des rides et nous lui fîmes pousser des cheveux gris. Dave ne se rendait pas compte qu'elle ne vieillissait pas avec lui. Il avait sûrement oublié qu'elle n'était pas humaine.

De mon côté, je l'avais pratiquement oublié, moi aussi. Ce n'est que ce matin que je me suis réveillé à la réalité en recevant une lettre d'Hélène. Son écriture élégante était à peine tremblée ici et là. Ni Dave ni moi n'avions vu l'inévitable.

Mon cher Phil,

Comme vous le savez, Dave avait des ennuis avec son cœur depuis quelques années. Nous espérions qu'il continuerait quand même de vivre mais nous nous trompions. Il est mort dans mes bras un peu avant le lever du soleil. Il m'a chargée de vous transmettre son affection et ses adieux.

J'ai un dernier service à vous demander, Phil. Maintenant que tout est fini, il ne me reste plus qu'une chose à faire. L'acide détruira le métal aussi bien que la chair et je mourrai avec Dave. S'il vous plaît, veillez à ce que nous soyons enterrés ensemble et que les employés des pompes funèbres ne découvrent pas mon secret. C'était aussi le désir de Dave.

Mon pauvre, mon cher Phil ! Je sais que vous l'aimiez comme un frère et je sais aussi quels sentiments vous éprouviez envers moi. N'ayez pas trop de chagrin car nous avons été heureux ensemble, lui et moi, et nous voulions franchir le dernier pont la main dans la main.

Je vous remercie. Toute ma tendresse.

Hélène

Cela devait sans doute arriver tôt ou tard. Je suis maintenant remis du premier choc. Dans quelques minutes, je vais partir pour exécuter les dernières volontés d'Hélène.

Dave a eu de la chance. C'était mon meilleur ami. Et Hélène... eh bien, je l'ai déjà dit, je suis vieux, à présent, et je suis capable de voir les choses d'un œil plus serein. J'aurais dû me marier et créer un foyer, je suppose. Mais... il n'y avait qu'une seule Hélène.

1938

Introduction 5
Abraham MERRITT, *Les êtres de l'abîme* 13
Howard P. LOVECRAFT, *Dagon* 30
Frank BELKNAP LONG, *Les chiens de Tindalos* 36
Robert E. HOWARD, *Les miroirs de Tuzun Thune* 50
Stanley G. WEINBAUM, *L'odyssée martienne* 60
Harl VINCENT, *Le rôdeur des terres incultes* 86
Clark ASHTON SMITH, *La mort d'Ilalotha* 100
Lester del REY, *Hélène A'lliage* 111

FANTASTIQUE - SCIENCE-FICTION

Isaac Asimov
La pierre parlante - n° 129

René Barjavel
Béni soit l'atome - n° 261

René Belletto
Le temps mort :
- L'homme de main - n° 19
- La vie rêvée - n° 37

Pierre Bordage
Les derniers hommes :
-Le peuple de l'eau - n° 332
-Le cinquième ange - n° 333

Ray Bradbury
Celui qui attend - n° 59

Jacques Cazotte
Le diable amoureux - n° 20

Les cent ans de Dracula
Huit histoires de vampires (anthologie présentée par Barbara Sadoul) - n° 160

Arthur C. Clarke
Les neuf milliards de noms de Dieu - n° 145

Contes fantastiques de Noël
Anthologie présentée par Xavier Legrand-Ferronnière - n° 197

Philip K. Dick
Les braconniers du cosmos - n° 211

La dimension fantastique
Anthologies présentées par Barbara Sadoul :
- 13 nouvelles fantastiques - n° 150
- 6 nouvelles fantastiques - n° 234
- 10 nouvelles fantastiques - n° 271

Alexandre Dumas
La femme au collier de velours - n° 58

Erckmann-Chatrian
Hugues-le-Loup - n° 192

Claude Farrère
La maison des hommes vivants - n° 92

Gare au garou !
8 histoires de loups-garous (anthologie présentée par Barbara Sadoul) - n° 372
(à paraître)

William Gibson
Fragments de rose en hologramme - n° 215

Stephen King
Le singe - n° 4
La ballade de la balle élastique - n° 46
La ligne verte :
- Deux petites filles mortes - n° 100
- Mister Jingles - n° 101
- Les mains de Caffey - n° 102
- La mort affreuse d'Édouard Delacroix - n° 103
- L'équipée nocturne - n° 104
- Caffey sur la ligne - n° 105
Danse macabre :
- Celui qui garde le ver - n° 193
- Cours, Jimmy, cours - n° 214
- L'homme qu'il vous faut- n° 233
- Les enfants du maïs - n° 249

Howard P. Lovecraft
Les autres dieux - n° 68
La quête onirique de Kadath l'inconnue - n° 188

Arthur Machen
Le grand dieu Pan - n° 64

Archange Morelli
Le vicaire :
-Les yeux de sainte Lucie - n° 344

Edgar Allan Poe
Double assassinat dans la rue Morgue - n° 26
Le scarabée d'or - n° 93
Le chat noir - n° 213
La chute de la maison Usher - n° 293

Terry Pratchett
Le Peuple du Tapis - n° 268

Jacques Sadoul
Une histoire de la science-fiction
-1901-1937 : Les premiers maîtres - n° 345

Clifford D. Simak
Honorable adversaire - n° 246

Dan Simmons
Le conseiller - n° 260

Bram Stoker
L'enterrement des rats - n° 125

Theodore Sturgeon
Cristal qui songe - n° 296

POLICIERS

John Buchan
Les 39 marches - n° 96

Leslie Charteris
Le Saint :
- Le Saint entre en scène - n° 141
- Le policier fantôme - n° 158
- En petites coupures - n° 174
- Impôt sur le crime - n° 195
- Par ici la monnaie ! - n° 231

Arthur Conan Doyle
Sherlock Holmes :
- La bande mouchetée - n° 5
- Le rituel des Musgrave - n° 34
- La cycliste solitaire - n° 51
- Une étude en rouge - n° 69
- Les six Napoléons - n° 84
- Le chien des Baskerville - n° 119
- Un scandale en Bohême - n° 138
- Le signe des Quatre - n° 162
- Le diadème de Béryls - n° 202
- Le problème final - n° 229
- Les hommes dansants - n° 283

Gaston Leroux
Le fauteuil hanté - n° 126

Ellery Queen
Le char de Phaéton - n° 16
La course au trésor - n° 80
La mort de Don Juan - n° 228

Jean Ray
Harry Dickson :
- Le châtiment des Foyle - n° 38
- Les étoiles de la mort - n° 56
- Le fauteuil 27 - n° 72
- La terrible nuit du zoo - n° 89
- Le temple de fer - n° 115
- Le lit du diable - n° 133
- L'étrange lueur verte - n° 154
- La bande de l'Araignée - n° 170
- Les Illustres Fils du Zodiaque - n° 190
- L'île de la terreur - n° 230

LIBRIO NOIR

Bill Ballinger
Version originale - n° 244

James M. Cain
Le bébé dans le frigidaire - n° 238

Michel Chevron
Fille de sang - n° 313

Didier Daeninckx
Autres lieux - n° 91
Main courante - n° 161
Le Poulpe/Nazis dans le métro - n° 222
Les figurants - n° 243

Gérard Delteil
Le Poulpe/Chili incarné - n° 272

Pascal Dessaint
Le Poulpe/Les pis rennais - n° 258
De quoi tenir dix jours - n° 330
(pour lecteurs avertis)

Frédéric H. Fajardie
Les Hauts Vents - n° 289

Yves Hughes
Décembre au bord - n° 352 *(à paraître)*

Jean-Claude Izzo
Vivre fatigue - n° 208

Andrea H. Japp
Le septième cercle - n° 312

Thierry Jonquet
Le pauvre nouveau est arrivé ! - n° 223

Eric Legastelois
Une scaphandrière dans l'aquarium - n° 353
(à paraître)

La méchante dose
Anthologie présentée par
Jacques Sadoul - n° 273

Francis Mizio
Un quart d'heure et pas plus - n° 305

Guillaume Nicloux
Le Poulpe/Le Saint des seins - n° 304

Daniel Picouly
Tête de nègre - n° 209

Jean-Bernard Pouy
Le Poulpe/La petite écuyère a cafté - n° 206

Hervé Prudon
Le Poulpe/Ouarzazate et mourir - n° 288

Patrick Raynal
Le Poulpe/Arrêtez le carrelage - n° 207

Jean-Jacques Reboux
Le Poulpe/La cerise sur le gâteux - n° 237

François Thomazeau
Les aventures de Schram et Guigou :
- Qui a tué M. Cul ? - n° 259
- Qui a noyé l'homme-grenouille ? - n° 331

Librio

Le livre à 10F

345

Composition Nord Compo
Achevé d'imprimer en Europe
à Pössneck (Thuringe, Allemagne)
en janvier 2000 pour le compte de E.J.L.
84, rue de Grenelle 75007 Paris
Dépôt légal janvier 2000

Diffusion France et étranger : Flammarion